基于多元大数据的城市居住空间三维形态研究——以武汉市为例

周鹏 著

中国建材工业出版社

图书在版编目（CIP）数据

基于多元大数据的城市居住空间三维形态研究：以武汉市为例/周鹏著．--北京：中国建材工业出版社，2022.4

ISBN 978-7-5160-3408-8

Ⅰ．①基…　Ⅱ．①周…　Ⅲ．①城市空间—居住空间—空间规划—武汉　Ⅳ．①TU984.12

中国版本图书馆 CIP 数据核字（2021）第 257562 号

基于多元大数据的城市居住空间三维形态研究——以武汉市为例
Jiyu Duoyuan Dashuju de Chengshi Juzhu Kongjian Sanwei Xingtai Yanjiu——yi Wuhanshi wei Li
周鹏　著

出版发行：中国建材工业出版社
地　　址：北京市海淀区三里河路 1 号
邮　　编：100044
经　　销：全国各地新华书店
印　　刷：北京雁林吉兆印刷有限公司
开　　本：787mm×1092mm　1/16
印　　张：11
字　　数：270 千字
版　　次：2022 年 4 月第 1 版
印　　次：2022 年 4 月第 1 次
定　　价：**59.80 元**

_____

前　　言

居住是人类生活的基本需求，城市是人类在居住空间形态演变和发展过程中的伟大创造。研究城市居住空间形态，对于城市规划和管理具有较大的理论和实践意义，是推动城市健康有序发展的必要手段。

随着大数据和大健康时代的到来，城市居住空间在不同的空间尺度和维度上所表现出来的形态特征，给城市建模带来了重大挑战。本书突破居住形态传统"二维视角"平面测度的局限性，基于"三维空间视角"，从社会、经济、区位和自然生态多维度测度居住空间立体形态，探究城市居住形态的三维空间特征和时空演变规律，实现了多学科交叉研究理论和方法的协同应用。

本书主要致力于武汉市居住空间三维测度和地域空间分异研究。主要内容包括绪论、居住空间形态分析的理论与方法、多尺度多维度的居住空间分异特征分析、城市居住空间形态变化与影响因子分析、基于多元大数据的武汉主城区城市活力空间特征与变化研究、基于多因子评价的城市居住空间控制分区、结论和展望。

尽管作者已经尽了最大的努力，使本书在科学性、可读性上不断完善，但限于作者水平，书中如有不妥之处，恳请读者批评指正。

著　者
2022 年 4 月

目　　录

1 绪 论

1.1 选题背景和意义

1.1.1 选题背景

1. 快速城市化背景下的居住空间的需求增加和空间形态演变剧烈

居住是人类生活的基本需求，城市是人类在居住空间形态演变和发展过程中的伟大创造。人口增长和经济增长将会随着经济繁荣和快速城市化过程的推进而出现，因此，也就造成了城市居民对居住空间的需求增加，同时，城市土地利用效率的进一步提高也推动了城市居住空间形态的剧烈变化。在这种城市居住空间需求的压力下，基于建造技术和电梯技术的不断革新，城市开发者和规划者不断提高住宅建筑的高度并创新居住空间布局模式，以最优的居住空间形态适应人口增长、经济增长和城市空间结构的变化。城市的集聚空间结构使得城市中心呈现出人口集聚的普遍现象，随着城市化水平的提高，城市中心的人口会急剧增加。因此，在中国，城市居住空间的需求将会不断增加，无论是数量还是质量的要求都会受到更多的关注，居住空间形态的研究将会是亚洲，甚至是全人类的研究热点和重点。城市居住空间形态研究将是人类科学研究的永恒话题。

2. 城市居住形态学研究的多学科性质

城市居住形态学与社会学、经济学、管理学和地理学等学科有着紧密的联系，是多学科研究的综合领域。城市居住形态学研究描述城市居住空间的社会特征、经济特征、物质建筑特征、文化特征和景观生态特征，探索城市居住空间的物质空间要素和文化空间要素的相互耦合关系和时空演变规律。城市居住形态研究将实体中心论的研究转变为关系中心论的研究，从单纯的物理分布研究转向事理关系研究，即从研究物质空间构成研究转变为研究城市建筑空间结构和社会空间关系，重点强调城市居住空间各要素与居民之间的关系、与社会经济条件的关系、与城市区位和城市规划的关系、与自然生态环境之间的关系，甚至是与城市居住空间开发本身的自相关关系。仅仅用一种学科的理论或者方法无法完整地研究城市居住形态学的重要性、基本特征和自然规律，这种多学科综合性质决定了城市居住空间形态的研究必须依据多学科理论与方法的结合。

3. 城市居住空间形态研究的多尺度特性

尺度是认知事物的视角，尺度的本质是事物所固有的特征和规律。城市居住空间形态研究对尺度有明显的依赖性。城市居住空间从住宅建筑单体到建筑群，从局部到整体，从居住小区到城市地域，呈现出不同的空间共性和差异性。城市居住空间由居住单体建筑、建筑群、居住组团、居住小区、居住区等不同尺度的居住空间单元组成，居住空间形态在不同尺度上的同质性和异质性分析会得到不同的结论，但是仅仅局限于单一尺度分析的结论是不完整的。多尺度景观格局分析，是解决格局与过程关系的有效手段之一。多尺度的居住空间形态研究，沿着从局部过渡到整体的主线，从微观过渡到宏观的主线，捕捉不同尺度的居住空间的相互作用和紧密联系，综合揭示居住空间形态的布局特征和演变规律。

4. 城市居住空间格局分异的影响因素分析的争议性

城市居住形态的空间特征和演变规律的影响因素在各个城市形态研究中是一个不可回避的问题，但是不同的研究选取的影响因素存在一定的差异性，甚至在影响因素的判别和其外部作用分析方面存在一定的争议性。同时，很多研究都是定性的分析，缺乏定量的分析。例如，在居住空间的垂直维度上，建筑高度受到地价和区位的影响已经达成共识，但是其他变量诸如自然要素、开敞空间、路网密度和交通通达度，这些影响变量的显著性还存在一定的争议性，有待定量分析的研究。关于城市开敞空间对城市开发总面积的作用机制是模糊的，如长江和湖泊等开敞空间的相关指标的作用是模糊不清的。一方面，这些开敞空间能够吸引高密度居住区的集聚，不同规模的开敞空间的影响能力也明显不同，比如规模很小的开敞空间对居住空间开发的吸引力不够，规模较大的开敞空间限制了城市居住空间的使用面积；另一方面，关于这些自然要素的保护规划又会限制城市居住空间的建设强度；这些开敞空间的相关变量是否会影响居住空间格局和变化，同时是如何影响的，这些机制研究将会引起争议。如何评估这些具有争议性指标的影响并且选择，是城市居住空间形态研究的重点及难点。在探索城市居住空间形态的空间特征和演变规律时，要加强各种影响因素的显著性和作用力的定量分析。

1.1.2 选题意义

1. 适应城市发展和满足居住空间规划的多样性需求

城市居住空间形态研究可以从侧面描述城市空间结构的发展和演变，同时探索城市居住空间的布局和多样性。居住空间的景观格局与城市结构、城市景观和城市生态系统等密切相关，因此，分析居住空间的社会、经济、空间分异、影响和演变规律并加以利用是城市可持续发展的必要条件。要比较分析居住空间的三维景观格局的优劣，根据城市的发展趋势和规律，结合城市不同区位的特性组织适宜的居住空间格局以满足居住主体、开发者和城市规划管理者对居住空间的多样化需求。本书具体分析居住空间三维景观格局和地域分异特征，探索城市社会、经济、区位和生态要素对空间分异的作用机制，为城市居住空间规划提供现状数据基础，为城市三维空间利用规划的发展提供参考。

2. 实现多学科的交叉研究和实践

城市居住空间形态学领域的多学科综合性质决定了其多元化的研究理论和方法的协同应用。本书从社会、经济、区位和自然生态角度分析居住空间三维景观格局的空间分布特征和空间分异规律，恰好实现了多学科的交叉研究和实践。本书认为居住空间形态是带有区域性的居住环境和居住状态的总和，伴随着城市的发展呈现出相应的阶段性特点和系统的演化规律。笔者以居住空间的物质空间特征为切入点，分析社会文化特征、经济特征、区位条件和自然生态要素对居住空间微观的和宏观的三维景观格局的影响。选题将社会学、经济学、地理学和生态学等多学科知识综合运用，反映城市居住空间的物质空间要素和社会文化空间要素的相互耦合关系，探索居住空间的三维景观格局的空间分异规律。

3. 实现微观和宏观相结合的空间分异研究与居住空间的可视化

城市居住空间形态不仅包括从二维平面反映的居住形态，而且包括三维空间表达的空间格局，三维空间分析则为探索城市立体空间形态的空间格局和空间分异分析提供了理论和技术基础，为城市建设、城市管理提供了更全面的决策依据，为实现城市规划的三维空间设计和管理提供了有力的参考。通过三维空间模拟的分析方法可以研究城市二维平面的结构和分异特征，即密度和空间分布形式，同时也加强了城市居住空间垂直维度的空间分异，即城市建筑高度的空间特征。在城市居住空间形态分析中，大部分的研究都是集中在城市居住空间的二维投影平面上的分析，从二维空间来表达城市居住空间结构和形态（密度和分布形式）。少数研究分析城市建筑高度的变化以及不同高度和不同用途的建筑物的空间分布格局。仅有一小部分城市研究分析城市内部的三维空间结构和三维景观格局，这是城市居住空间研究的一个重要部分，也是城市立体空间研究不可或缺的内容。本书从研究数据和研究内容上加强了局部和整体的居住空间的三维景观分析，实现了居住空间景观格局的空间分析从微观向宏观的过渡，准确捕捉居住空间的三维景观格局的空间分异特征和机理，为城市建设、城市规划、城市管理提供多尺度、多维度的决策依据。

4. 实现居住空间格局研究的方法拓展和创新

通过改进和创新景观格局空间分析技术和空间回归模拟方法，分析城市居住空间，在不同维度上的分布格局，反映城市居住形态的空间特征和演变规律。运用景观格局空间分析技术而非简单的密度指数，捕捉居住空间水平维度的特征和布局；运用不断改进的空间回归模型，而非一般的统计分析法，模拟城市居住形态的时空演变规律；运用相关性分析简化、革新居住空间格局的指标体系，避免重复冗余的计算；运用多尺度、多维度的空间分析技术，完善单调的二维空间分析和模拟。城市发展的多元化趋势，城市居住形态的空间特征和演变规律的多样化，导致空间分析和统计分析方法的多元化。在城市研究中，必须不断革新居住空间形态的指标体系和研究框架，才能完整并快速地捕捉城市居住空间的社会、经济、空间和景观特征，准确地筛选出显著性影响因子并解释其作用机制，合理并实时地分析居住空间的分布格局和空间分异规律。

1.2 国内外研究现状及不足

1.2.1 居住空间形态与居住空间分异

在经济发展迅速，城市经济不如发达国家繁荣和城市用地数量有限的条件下，居住小区布局模式减少了房地产开发的投资成本，简洁迅速地完成城市居住空间开发，满足当代城市社会经济和环境的现状和发展要求，也是当代受欢迎的城市居住空间规划方法和设计模型。

形态学应用于城市研究领域衍生出了很多专著，证实了城市形态学的研究一直是城市研究以及居住空间分析领域的一个重点和难点。《中国城市形态结构、特征及其演变》根据城市之间的空间形态和城市外部的网络特征来宏观分析城市外部空间形态演变。《中国城市：模式与演进》分析城市发展模式，通过不同城市的密度和城市内部土地利用强度来反映城市开发强度。《中国大都市的空间扩展》根据大都市区和城市圈的经济发展规律，研究城市扩张的空间方向和空间规模，发现大都市区的建设用地的空间格局和演化规律。《城市规划和城市发展》探讨城市居住规划、城市发展规划、城市生态规划等一系列城市规划与城市结构和城市扩张之间的关系，城市规划的控制指标和规划指标体现了规划的指导性和控制性。《城市空间发展论》研究城市发展过程中各种城市社会要素、自然生态要素和宏观政策要素对城市空间演变的耦合关系。《现代城市更新》论述了城市居住环境的构成，城市风环境、声环境、热环境和其他要素之间的联系和更新，分析城市各类环境自循环的变化规律和更新过程。《21世纪中国大城市居住形态解析》主要基于城市居住空间形态的主要特征进行研究，例如居住空间规模（密度或者用地规模）、高度和空间形式；在分析城市居住空间形态的过程中，通过不同尺度的城市居住空间格局的研究，量化住宅小区的建设规模和组织方式，调整城市居住空间中的不同高度的居住建筑的密度和空间紧凑形式，从而把握城市居住空间形态变化格局，结合整个宏观城市环境优化住宅小区的空间结构，促使城市居住空间建设符合中国居住空间规划的控制标准，促进中国城市化进程的合理快速发展。《城镇群体空间组合》论述了城乡组织结构的空间形态和构成，分析各种物质环境要素与城乡组织空间的耦合关系，基于这些相关关系分析城镇群体的时空变化格局。《城市居住形态学》直接根据形态学的分析方法来分析城市居住空间形态的演变规律，分析城市居住空间的发展历史和不同尺度的城市居住空间格局特征，从经济学和生态学角度等反映城市居住空间形态变化的驱动力因素。《转型期中国大城市社会空间结构研究》不仅分析城市居住空间的物质结构和建筑形态，而且分析城市居住空间的社会因子的分异特征，根据物质空间形态和社会空间形态来分析城市居住空间格局。《城市社会的空间视角》分析城市居住人口的空间分布规律，从城市人口的空间格局反演城市居住空间的社会特征，基于居住空间主体的社会阶层、经济收入和文化程度从空间分析角度分析城市居住空间的社会分异现象。《转型期上海城市居住空间的生产及形态演化》根据城市形态学的研究思路，分析转型期上海城市居住空间的局部空间特征与宏观空间格局，呈现上海城市居住空间的社会文化分异特征和空间结构特征，表达城市居住空间特征和居住空间形态的变化规律。

在发达城市，例如北京、上海和武汉等城市，人口密度较大，居住空间需求较大，房地产开发和住宅建造的数量和区域也较大，同时其空间位置也比较集中，因此在发达城市，小尺度下不同类型的居住空间格局是非常适宜的；相对而言，在欠发达城市，或者说不是非常发达的城市，小尺度下不同类型的居住空间形态提供的居住空间的数量较多，基于当地的居住需求而提供的住宅数量会有多余从而可能发生住房空置现象。因此，不同城市居住空间的布局模式其建筑空间布局、建造形式和居住空间规模各异，城市居住空间的布局模式也根据城市现状条件、经济规模和城市自然环境等要素改变。

在城市居住空间形态研究中，城市居住空间的建筑布局形式多种多样，导致城市居住空间的规划模式也呈现多元化趋势，以此指导和规范城市居住空间形态演变的发展。在我国，小区大同小异，以小区模式作为城市居住空间的典型开发模式。随着社会主义市场经济发展形式的多元化，中国土地有偿使用的逐步发展以及土地市场机制的逐步完善，城市居住空间的建设模式也在不断革新，建设模式多元化现象越来越明显。多种住宅小区布局模式的出现也是为了满足不同城市区位条件、不同社会经济条件下的居民的居住空间的功能需求。例如，城市中心地价很高，住宅开发的成本较高，导致开发商提高居住小区的建筑高度和建筑密度来提升居住区容积率，因此在城市中心区域出现较高的建筑高度、较大的建筑密度和更加紧凑的居住小区布局模式。虽然有不同的居住布局模式出现在城市各地，造成城市居住空间形态的多元化，但是在不同的城市区位和不同的社会经济条件以及城市自然环境要素的影响下，城市内部的居住小区的布局模式也各有优劣，只有因地制宜才能制定出最优的居住空间规划指导城市居住空间形态的发展，优化城市居住空间结构，满足城市各阶层居民的居住需求。

在中国居住房屋商品化以来，城市居住空间形态也受到城市经济条件的显著影响。不同的城市其居住空间模式在城市内部也呈现出明显的空间差异，这是由于不同的城市区位和不同的社会经济条件以及城市自然环境要素的影响，这一影响也导致了不同社会地位的居民和不同收入的居民在城市居住空间中的空间分异。例如，高收入的阶层在中国城市还是倾向于居住在城市中心区域，这是由于城市中心区域的基础设施和城市自然要素相对来说较为完备，诸如城市中心有比较成熟的休憩场所、开敞空间、休闲场所、教育和医疗设施等，这些也是导致城市中心房价较高的重要因素。反之，收入低的阶层则倾向于聚集在城市郊区，以此降低居住成本在生活成本中的比例。同时，城市郊区的教育医疗设施不如城市中心成熟，但是其自然环境有一定的优势，同时用地成本较低，这也是城市郊区出现低高度、高密度、低紧凑度的居住模式的原因。

在西方国家，大城市中出现的居住小区也具有很多功能，例如商业办公、商业服务等，这些功能利用地上空间和地下空间，可最大限度地实现居住用地的空间利用，从而提供更多和更优的居住空间。这些居住空间的规划模式也是值得鼓励的。在中国，也可以利用复合功能小区的规划来指导城市居住空间的建设。由此可见，在城市居住空间形态不断演变的过程中，小尺度下不同类型的居住空间形态是在不断变化、不断优化的，从而适应时代的需求，优化城市居住空间结构。

《城市地理学》根据城市空间形态分析城市内部结构、城市外部空间构成、产业结构与城市结构之间的关系，城市中心与城市边缘的联系与区别，以及城市环境的组成和影响因素。Yan Song，Southworth，Owens，Wheaton 和 Schussheim 等人开发了一套城市居住社区布局模式的指标体系，这个指标体系具备社会、经济、生态和空间特征，涵盖居住空间的多元化特征而不仅仅是其空间特征。创建不同布局模式的居住空间的努力吸引了越来越多的关注，在描述街区尺度的城市发展模式和城市居住空间演变时，了解社区邻里属性是非常必要的。研究人员和学者开发了许多度量标准来评估街区的物理形态。然而，尽管有关城市居住空间形态的一系列研究在不断出现，城市社区的布局模式与目前研究量化社区居住空间模式的方法仍存在几个问题。第一，一系列的指数有时不能充分反映城市居住空间形态的复杂性。依靠某一维度量化评估，例如开发密度或土地利用、城市形态的描述，不能全面且充分描述社区的空间格局。因此，需要一套涵盖社区空间形态的不同维度的度量标准。第二，一些常用的空间格局指标可能是含糊不清的。正如 Talen 写道，"太多浅谈城市空间形态是没有测量的，是定性的……例如郊区、公共领域、混着用、多样性和访问的定性语句。这些概念是非常重要的讨论，但很难用作量化依据"。在此基础上，需要有更好的可定量、定性和可衡量的指标。第三，最近，地理信息系统（GIS）工具扩展了各种新的空间格局指数，提供了空间数据源和空间数据分析插件。然而，许多这些计算的空间格局指数方式是相关的和冗余的措施。例如，街道网络连通性的量化，我们应计算 Alph Connectivity Index or the Beta Connectivity Index 两种连接性指数中的哪一种？计算高度相关的指数导致了计算负担的加重和冗余，因而需要一套最相关的度量识别标准来划分小尺度下的不同模式的居住空间格局和评估城市居住空间形态。

　　不同的研究缺乏一致的度量标准，从而限制了我们去分析跨城市、跨地区或不同国家的城市居住空间形态。由于区域差异和邻里数据标准化的难度，很少有研究使用具有代表性的城市居住空间和社区数据集来建立衡量标准和描述各种各样的邻域特性。相反，大部分社区空间形态的度量标准文献是从一个或几个大城市地区的居住社区得出的结论。例如，Southworth 和 Owens 研究在大都会 San Francisco（圣弗朗西斯科）的 8 个郊区邻里，定性地提供了一套指标，这些指标有关于街景、增长模式、土地利用组织，社区大小和地段，社区内的建筑物空间分布形态等，对两个城市（俄勒冈州的波特兰，安大略省的多伦多）的居住空间发展模式进行了分类研究。其应用属性包括街道分布、大小和形状，住宅区的建筑设计和区位，功能和土地混合使用来定义不同历史时期的一系列社区发展。最近，Song 和 Knaap 开发了一系列指标进行量化波特兰都市地区的居住社区的空间形态，这些度量标准捕获不同维度的居住空间特征，例如街道设计、密度、土地利用结构和商业活动和不同运输方式的可达性。他们使用了 GIS 数据、空间格局指标，但这些数据可能在其他地方不具有适用性。

　　Wheaton 和 Schussheim 致力于研究城市居住空间内部的建筑密度、规模、布置形式和空间格局。城市居住空间内的建筑分布形式受道路、绿地、地形、建筑物类型和用途影响。居住空间内部的建筑分布形式直接影响居住空间的开发成本、居住环境和居民的居住选址。Shian Suen 致力于研究居住斑块的水平空间分布形式，是基于住宅斑块的周长、面积、形状和集聚程度来量化的。定义和计算面积指数、密度指数、形状指数来量化评估经过空间连接处理的住宅斑块的建筑组织形式和边界形状；计算了居住空间内部的基础设施完备度，以此探索居住空间的建筑分布形式与基础设施供给之间的相关关系。了解住宅的空间分布格局是认识湖泊生态系统的关键。越来越多的研究已经发现，湖岸城市扩张和住宅开发与水环境质量、生境结构，人口动态和群落结构的初级生产者，大型无脊椎动物，以及鱼类数量之间存在负相关关系。这些研究提供了海岸线开发及湖泊特色开发所需的信息。然而，因为这些研究都基于较少的湖泊观测，目前还不清楚如何定义湖泊类型。对湖泊沿岸的住宅开发和城市扩张研究，对于更好地确定因果关系的机制以及制定政策和发展战略，以保护、增强或跨区域恢复大量的湖泊是很有必要的。

　　总而言之，现代居住空间形态的不断演化导致城市居住空间布局的多元化，可以从缩小居住空间规模、优化居住建筑空间分布形式、适当提高居住建筑的建筑高度来优化居住空间规划的控制指标，满足城市居民的多样化需求和城市发展的需要。

1.2.2　影响居住空间分布格局的因素

居住空间形态，是一个自然、经济、社会和文化的空间综合体。居住空间形态包含居住用地布局形态和居住空间建筑形态，受到社会经济条件、区位条件、文化要素和自然生态要素的显著影响。本书从社会、经济、区位和自然生态等角度出发，结合空间分析中的空间自相关分析的方法，具体分析城市居住空间布局的影响要素。

1. 社会、经济、区位和生态要素

基于大量城市结构和社区形态的研究工作，以及最近创建可持续发展的居住社区的研究中，研究人员更加关注住宅开发的空间分布形态。早期研究集中在基础设施建设和公共服务的成本，与不同的小尺度下不同类型的居住空间形态之间的相互关系上。在城市住宅密度的研究中，人口密度或居住密度通常用来划分不同的小尺度下不同类型的居住空间形态。最新的研究强调了基于景观生态学的一系列空间度量来描述社区的建筑形态方法的适用性。这种住宅开发布局则是从社区维度进行空间特征量化，而不是从建筑物尺度或者是行政区尺度进行量化。与专注于住宅小区的建筑形态的研究一样，其他研究也探索各种因素在住宅开发格局中的影响。先前的研究已经检验了历史、经济和城市管理决策对城市住宅开发空间形态的影响。最近的研究关注开敞空间和空间自相关对城市房地产开发空间格局的影响。尽管有大量的关于开敞空间和城市居住密度的研究，但是其作用机制仍然模糊不清。

社会因素则分为人口密度、健康设施和教育设施，其中包括人口密度、医院、大学、高级中学、初级中学、小学、幼儿园、职业教育学院。区域的人口密度可以很明显地反映所在地一定范围内的人口对居住空间的需求。这些指标显著影响居住环境和宜居程度，影响居住者的偏好性，从而影响城市规划和开发强度的选择。

经济指标与以下因子相关：基准地价、超级市场、娱乐中心、人才市场和样本的基地面积。经济条件对城市土地利用强度具有显著性的影响。较高的地价提高了土地开发利用的成本，提高了土地利用强度和节约集约程度。土地利用强度的增加不仅仅体现在建筑密度的增加，同时还集中在建筑高度的增加，不同的经济条件对居住空间的高度和密度的影响也有明显的差异性。

区位条件也是影响城市住宅开发的重要因素。区位因子包括到经济中心的距离、所在临近经济中心的区域、所在临近圈层的区域、距离主干道的区域和道路密度等。城市圈层模型（the Urban Stage Model）建筑结构取决于城市建筑开发的区位。高密度居住空间不仅仅发生在城市边缘，同时也发生在城市建成区的发达区域。换而言之，经济中心越发达，经济中心规模越大，高密度居住空间布局则越受开发商的青睐。

交通用地布局与城市空间形态的相关关系，也是既有城市空间形态研究的热点问题。但是，交通用地布局的影响在城市居住空间形态研究中也是相对混乱的。交通用地的可达性和用地密度对城市紧凑度和居住空间紧凑度的影响力是不同的，不是过去研究的单一性的作用机制，如交通可达性的增加具有明显的激励作用，还应该考虑到交通密度对城市空间结构的影响。本书寻求对道路密度和道路规划与居住空间形态相关因素更深层次的理解。道路的密度变化将导致居住空间的景观格局更加破碎，即集聚程度较低。但高破碎度的居住空间布局不一定发生在高密度道路所在区域，低水平的道路密度也不一定导致高集聚程度的居住空间布局。道路密度和布局所影响的居住空间的三维布局模式，也能够影响居住小区的排水系统、防火系统和生活服务水平。

城市公共开敞空间体系是以公园、广场、绿地、面状城市公共开敞空间为基础，通过道路、河流、城市绿带等廊道开敞空间串联起来的各种城市公共开敞空间相互交织、相互沟通、共同组成的网状体系。自然水域也是城市自然生态要素的重要组成部分，是典型的开敞空间，特别是具有"江城"之称的武汉市，水域的影响是至关重要的。了解住宅的空间分布格局是认识湖泊生态环境的关键。研究表明，水域这种开敞空间对城市居住空间形态的空间分布特征以及空间格局演变具有显著性的影响，在长江和湖泊沿岸地带有更大的住宅开发强度，不仅仅是住宅建筑密度（建筑基底面积的覆盖率），同时也体现在住宅建筑高度上。规模较大的湖泊更能影响其沿岸城市居住空间的开发强度，其沿岸将会建造较高的建筑密度和建筑高度的居住建筑。但是，开敞空间与居住空间形态之间关系的研究还存在一系列的问题。

首先，不同类型的开敞空间与住宅开发有完全不同的相关关系。Geoghegan将开敞空间分为两种类型，即可开发开敞空间和永久开敞空间。可开发开敞空间将会受到居民和住宅开发人员的人为活动的影响从而发生翻天覆地的变化。例如，住宅开发的位置和变化将影响可开发开敞空间，如私人绿地、小区林地、住宅社区。相反，城市景观生态保护规划所保护的永久开敞空间则不会轻易改变。永久的开敞空间，如湖泊和河流，会显著影响城市空间结构和小尺度下不同类型的居住空间形态。

其次，先前的研究对于开敞空间对住宅开发密度影响的结论是模糊的和定性的。开敞空间的可达性可以加速居住密度的增加。开敞空间的审美功能、休闲功能和生物多样性功能提高了住宅用地的价值，增加了开发商开发城市住宅的成本。同时，在对开敞空间的保护政策对住宅开发密度的影响研究中，开敞空间的保护规划限制了保护区域的城市开发，对城市住宅开发密度的影响是负面的。开敞空间的正面影响和负面影响在以往的研究中是分开进行的，有的研究仅仅分析开敞空间对城市开发密度的积极影响，有的研究仅仅对于开敞空间保护规划对城市住宅开发密度的负面影响进行探究。由此可见，永久开敞空间对城市住宅开发的影响是模糊不定的。过去对于开敞空间在小尺度下不同类型的居住空间形态的影响研究中，其可访问性和保护政策的影响非常重要，本书评估开敞空间的可访问性，同时评估开敞空间的保护政策的影响。

2. 居住空间分异与城市规划设计

城市居住空间形态与相应的城市规划、规范密切相关。城市居住规划、城市生态规划、城市发展规划、城市总体规划和城市详细控制规划等，这些城市居住空间的相关规划的设计目标、主要内容和控制主线都是由当时的规划设计理念和社会需求来决定的。城市居住空间的物质形态和社会形态则是反映这些城市规划理念现实状态的，反映城市居民在特定的国情、特定的经济发展状况和社会价值观下的社会经济取向。

《城市居住区规划设计标准》（GB 50180—2018）规定，城市居住区是指城市中住宅建筑相对集中布局的地区，简称居住区。城市居住区分为十五分钟生活圈居住区、十分钟生活圈居住区、五分钟生活圈居住区和居住街坊。十五分钟生活圈居住区是指以居民步行十五分钟可满足其物质与生活文化需求为原则划分的居住区范围；一般由城市干路或用地边界线所围合，居住人口规模为50000人～100000人（约17000套～32000套住宅），属配套设施完善的地区。十分钟生活圈居住区是指以居民步行十分钟可满足其基本物质与生活文化需求为原则划分的居住区范围；一般由城市干路、支路或用地边界线所围合，居住人口规模为 15000 人～25000 人（约 5000 套～8000 套住宅），属配套设施齐全的地区。五分钟生活圈居住区是指以居民步行五分钟可满足其基本生活需求为原则划分的居住区范围；一般由支路及以上级城市道路或用地边界线所围合，居住人口规模为 5000 人～12000 人（约 1500 套～4000 套住宅），属配建社区服务设施的地区。居住街坊是指由支路等城市道路或用地边界线围合的住宅用地，是住宅建筑组合形成的居住基本单元；居住人口规模在 1000 人～3000 人（约 300 套～1000 套住宅，用地面积 2hm²～4hm²），并配建有便民服务设施。同时，此标准还从城市居住空间角度规定了一系列的用地指标和控制指标，规划各类土地的用地面积和基础设施规模，这些指标反映了城市居住空间不同布局模式的规模大小，从而反映了城市居住空间形态和结构的空间格局。

《城市用地分类与规划建设用地标准》（GB 50137—2011）也从宏观城市角度规划了城市居住用地和其他用地的用地规模，同时根据不同的区位条件和基础设施限定一系列的居住用地指标。根据《城市居住区规划设计标准》（GB 50180—2018）和《城市用地分类与规划建设用地标准》（GB 50137—2011）所规定的居住用地质指标和人均居住空间指标，很多城市已经远远超出规划控制指标（人均住户面积 60 平方米左右），这种现象造成了居住用地的大量浪费，城市用地的不断增长和城市化扩张过程的不断加剧，在用地面积有限但人口数量巨大的中国已经超过其用地储量的承受能力。因此，必须分析城市居住空间形态的现状，量化城市居住空间格局，从不同尺度来表达城市居住空间的现状分布特征，如从住宅建筑单体尺度和居住小区尺度的密度、高度和紧凑度等方面来组织整个城市的居住空间形态布局，从而将现实的与规划的居住空间规模与规划的城市居住空间控制指标相结合，探讨城市居住空间特征的规划完成度，同时也为未来的规划指标的制定提供依据。

居住空间规划的控制标准规定了不同尺度的居住空间单元的各项空间特征，在分析城市居住空间形态的过程中，必须按照合理的居住空间规划进行居住空间开发和城市土地利用，促进中国城市化进程的合理快速发展。

1.2.3 空间分析关键技术

1. 空间格局分析

城市空间结构和居住空间形态，特别是局域尺度，给建模带来了重大的挑战。城市空间结构和居住空间形态的研究在理解城市管理功能方面非常有必要。城市空间结构和居住空间形态是城市形态学研究和城市地理学研究的集中体现。大量学者通过遥感技术和空间格局指数评估城市结构和居住形态，或者其他用地的利用潜力。利用这些指数量化的城市社会经济景观可以用来表现城市空间特征，如人口集聚、经济活动集聚和城市扩张。其不仅仅能够表达城市社会经济功能，同时，景观指数还能强调城市空间形态与各种城市环境要素之间的相关关系。其中，城市空间形态不仅仅是二维形态，还包括城市建筑空间的三维形态。居住区的空间配置与土地利用和社会经济特征也有非常显著的相关关系，这种相关关系也能通过景观空间格局指数的相关性分析来指示。在单核心城市模型研究中，城市蔓延主要呈现同心圆模式，中央城市蔓延和梯度增加传染到周边农村地区，显示了城市居住空间扩张的趋势。这些城市空间结构和居住空间形态都通过景观空间格局指数分析来呈现。

一系列的景观指数用来评估景观空间格局，一部分是以前研究的，另一部分是最近的研究热点。景观指数广泛应用于土地利用变化监测、土地生态安全评估、城市生态适宜性评价等研究。景观指数还与栖息地分析、生物多样性分析、植被覆盖变化监测等一系列景观格局变化分析的研究息息相关。

部分文献提供关键性的综述，这些综述主要是研究景观指数在景观生态学中的应用。部分学者探索利用景观指数评估景观破碎度。Wu et al，2000；Wu，2002 比较这几种景观指数，描述景观破碎度的基本特征、形状指数的特征和蔓延度的特征。也有文献致力于如何运用景观指数评估景观空间布局，比较这些景观指数的限制和潜力。邬建国综述了景观指数应用于景观生态学的研究主题，包括景观指数的利用与选择，生物多样性和栖息地分析，水质评估，景观格局的量化和变化监测，城市景观空间格局，道路网络，景观美学，景观规划和管理。Kindlmann 和 Burel 利用景观结构连接度和功能连接度量化城市空间结构。

相关研究人员都比较熟悉遥感技术，空间格局指数能够作为一个非常有效的工具来量化城市土地利用结构和空间布局。空间格局指数在景观生态学中以景观指数的形式为主要表现。将空间格局指标应用于城市环境研究，这些景观指数能够表现城市结构的组成、变化和扩张过程。空间格局指数可以提供详细的信息来解释城市结构布局和城市格局的变化过程。

最近大量研究集中于城市现象的时空变化规律和自然演变规律，特别是城市土地利用变化规律。首先，城市环境数据的空间化处理方法利用空间格局指数进行量化，例如社会问题和社会事件在城区区域中的空间差值方法；其次，社会学的数据利用空间格局指数评估其空间表现。例如，在不同的时空尺度和空间尺度上，量化社会现象、经济活动和人口因素的空间分布，评估一系列社会、经济和人口因素在土地利用变化过程中的影响。大量研究利用空间格局指数提取城市环境和城市结构的空间信息，理解城市土地利用变化规律，优化城市规划和管理的空间决策。

另外一部分城市空间格局和居住空间形态研究者运用空间格局指数来衡量其空间特征。这些空间格局指数也是基于景观格局指数进行量化的。分析城市结构和城市空间布局是城市地理研究的重要内容。城市地理研究中，空间最原始的特征包括空间位置、距离、方向、起始点、终止点和空间格局。基于景观空间格局指数，空间格局指数普遍用于量化自然景观的形状、大小和布局。在 19 世纪 80 年代，景观指数利用斑块指数和分类指数进行城市分形研究。景观格局分析中的最小单元可以是斑块，例如工业用地、公园和高密度住宅区等。景观格局指数用来探索不同斑块之间、不同要素类型之间的空间异质性。

大部分景观指数都是具有尺度效应的，景观指数的量化直接受到评估尺度的影响。在遥感研究中，特别是遥感解译方面的相关研究，像元大小、分类对象、分类最小单元和研究区的范围等，都与尺度密切相关。地理学第一定律认为：地球上一切事物都是互相联系的。两者之间的距离越小，则两者之间的相互联系越强；两者之间的距离越大，则彼此之间的联系越微弱。这种现象也明显呈现出距离衰减规律。例如人口和经济活动具有明显的地理空间集聚现象，人口密度和经济活动总是集聚在城市中心区域。一般的回归统计模型的假设是试验数据存在正态分布规律。地理学第一定律证明城市各类景观因素本身存在一定的相互关系。例如，城市人口、城市建设用地，这些因素呈现明显的空间自相关关系。因此，可以证实城市居住空间形态的研究与尺度息息相关。

基于分辨率所研究的景观变化行为也是近代景观生态研究的热点。景观格局对尺度具有依赖性。景观蔓延度与评估最小单元大小呈现负向相关关系。在小尺度上，景观异质性表现得特别明显；在大尺度上，整个景观空间格局有很大概率呈现均质现象，异质性则表现得不是非常明显。因此，不同的景观空间格局在不同尺度上表现出非常明显的差异。

多尺度景观格局已经成为景观生态学中的一个重要主题。多尺度景观格局研究目前有多种方法。点格局分析应用于多方面，多集中于生物覆盖率、居住用地地价与房价的空间分布规律研究、传染病的时空变化研究与森林防火与预警机制研究等。点格局分析也根据不同尺度分析景观空间格局的时空变化规律，探索整个空间在不同时间和空间尺度上的空间异质性景观要素的发展和变化。

聚合度（Aggregation）探索斑块大小尺寸与斑块集聚程度之间的相关关系。例如，减少斑块数量 NP 将增加斑块平均面积 AREA_MN。大量的城市景观研究利用景观指数 NP、AREA_MN、PLAND 评估城市居住要素（例如居住用地、开敞空间或者住宅建筑等）的集聚过程，例如 Mateucci 和 Silva 等人的研究。

紧凑度（Compactness）可以表征为这样一个空间过程，围绕一个中心呈圆形紧密分布，斑块逐渐增加的过程会增加斑块之间的紧凑度（Compactness）。相反，如果斑块呈线性分布同时沿着主线不断增加和发展，斑块的周长将会不断增加。城市扩张和城市开发的研究中，利用平均形状指数 SHAPE_MN 和回旋半径变异系数 GURATE_MN 评估城市居住空间布局和城市化过程。景观紧凑度指数的数据直接显示居住空间分布的紧凑程度，数值低则表示居住空间分布非常紧凑，数值高则表示居住空间分布不紧凑，呈线性分布。

一般运用不同斑块类型之间的分离程度评估居住空间集聚或者离散过程，评估城市居住要素之间的空间距离，这种分离程度称为城市集聚或者离散空间指数（Dispersion/Solation）。这种空间格局常常用平均最邻近距离 ENN_MN 进行量化评估。平均最邻近距离 ENN_MN 的数值越大，则说明斑块之间分布离散。无论怎样，关于城市化过程的多种景观生态格局研究中，城市居住要素的隔离程度越高，表示城市居住要素空间分布更加离散。沿着这条分析路线，城市扩张过程中，城市建设用地更容易出现在已有城市建设斑块的附近，但是，如果离城市建成区越远，那么进行城市开发的可能性越小。

无论如何，其他的景观空间格局指数在过去的研究中也能够被用来评估城市空间变化过程。例如，平均邻近度（Mean Proximity Index）也被用来量化城市扩张过程。城市扩张过程也取决于扩张斑块的尺寸大小和计算邻近半径。总之，各景观指数与城市扩张过程的相关程度和敏感性将作为筛选评估城市空间格局指数的依据。在 Francisco Aguilera 和 Luis M. Valenzuela 的研究中，由于形状指数 SHAPE_MN 对斑块大小的不敏感性和回旋半径变异系数 GURATE＿MN 与斑块大小的强相关性，选取 SHAPE＿MN 和 GURATE＿MN 共同评估城市景观的紧凑程度。

数理统计方法在多样本点存在的时候非常适用，Guang 基于大尺度的空间统计分析，探索城市的物理形态特征，例如城市密度、城市规模和城市的通达性平均值，根据这些特征来分析预测城市扩张方向和规模，预测城市集聚位置和力度。段汉明等根据"城市体积形态"来衡量城市的三维空间形态，对"城市体积形态"进行定义和测度。"城市体积形态"特征可以直接表达城市的物质空间形态，而"城市体积形态"特征分析则包括城市建筑基底面积的空间分布范围、整个城市建筑群体的体量规模等特征值的数理统计分析。"城市体积形态"的具体测度方法是将城市平面划分为若干个微观单元，用这些微观单元的体积形态的组合来完整表达整个城市的宏观形态。根据每个单元中的城市建筑群所占的三维空间体积的大小、各单元体积差值等特征值的组合，来描绘"城市体积形态"在三维空间角度的起伏程度，从而表达城市建筑群的三维空间特征。杨山则根据象限分区的分析方法，将城市区域根据 8 个方向分为 8 个象限分区，计算城市象限分区内部的城市扩张规模的平均值、方差和城市扩张面积的标准差，来评估城市扩张在不同方向上的扩张力度，从而提取城市扩张的主要方向和次要方向。Marjo 的研究内容是城市的集聚分散空间格局的特征分析，而这种集聚度是由居住区的三维特征值来反映的，包括居住区到城市中心可达度的平均水平、居住区的建筑面积与非建筑占地面积之比这两个特征指标。Tsai 评估城市形态的空间特征时，则根据面积、密度、均匀度、集聚度和破碎度等二维平面的空间特征进行分析。许多城市空间形态分析的研究还集中了一系列的空间格局分析技术，空间指标包括形状系数（面积周长比）、空间紧凑度、集聚度、放射状指数、标准面积指数、标准差指数、离散指数、均衡度指数等。

2. 空间回归模型

城市研究和生态研究中，自然生态数据、农业生态数据等在区域中具有非常明显的集聚效应。这种集聚现象体现了要素本身的空间自相关关系，说明邻域的影响也是非常显著的。以往的研究中显示自然生态要素具有空间自相关关系，但是在近代城市研究中，空间自相关也是分析城市空间格局的一个重要方面。城市各类因素具有明显的空间自相关分布规律，例如集聚现象。无论是自然要素还是人为要素，都呈现明显的集聚现象。焦利民、刘耀林、刘艳芳基于空间自相关变量研究城市区域基准地价的空间分布规律，模拟城镇区域基准地价的空间聚类分布，评估基准地价的全局空间自相关和局部空间自相关程度。利用空间自相关系数来反演整个区域的基准地价水平，评估城镇地价的区域空间格局，探索区域基准地价与城镇内部各要素之间的相互耦合关系。同时，探索区域城镇基准地价是否具有空间自相关，量化其空间自相关程度，可以运用不同的空间统计学的研究方法进行分析，包括地统计学、局域空间自相关分析、空间自相关系数图、空间聚类等方法。焦利民、刘耀林、刘艳芳根据各种解释变量分析区域基准地价的空间分布格局和自然演变规律，解释基准地价的空间自相关格局的形成过程。

临近区域往往有相似的条件，如果可用的协变量不能完全反映临近区域的影响，那么拟合模型中的剩余误差将会存在于空间自相关中。此外，除了环境的影响，在同一区域中住宅开发出现的概率将不会与开发是否会出现于临近区域相互独立，它们之间是相互影响的。这也会产生一个无法模仿出令人满意的环境协变量的空间自相关数。通过采用考虑了空间自相关数的模型，我们希望在研究分布状态的经验模型中尽可能少地引入协变量，并得到一个能更明显说明协变量对分布产生影响的证据。

（1）Probit 模型。

Probit 模型被运用于住房类型选择问题。住房建造计划的地点是否会影响附近待建建筑的类型这个问题一直存在争议。另外，现在已经证实现有房屋数目以及地点因素会影响附近区域未来的住宅发展。这暗示着邻里中未被发现的属性是相互关联的。

在有关 Probit 模型的研究中，这些空间交互性和依赖性（空间自相关）能清楚地解释空间的模拟技术。空间自相关被定义为在一系列代表性的空间观察中发现的依赖性。它发生在当个体通过他们的空间地点相联系的时候，相互接近的个体在空间倾向于是相似的。如果选择集合包括空间单位，则离彼此较近的样本相比于离彼此较远的样本更倾向于被决策者认为是相似的。

在很多 Probit 模型以及其改进的研究中，一个较小的研究机构对决策者和选择者之间的时空依赖性问题给出了解释。当研究员经常说明时间自相关时，空间自相关在分离挑选模拟中一般被忽略，这导致不一致的估计。一部分原因是计算工具的合适程度，另外，空间的处理一般比时间更复杂。当时间是一维的并且从过去到现在这一个方向移动时，空间在它最简单的概念中是二维，并且空间过程在所有方向均可能发生。

也会有争议性的研究指出，决策者也许会互相影响，造成空间上被关联的挑选行为。一个样本是通过决策者间的相互作用而获得知识的基础，例如同事、朋友或者邻居。这个空间依赖性可以在几个关于选择的文章中看到，这些文章包括经济、居民活动计划和土地开发选择。在活动预定中，你也许假设个体的地点会影响他们的行为。个人需要面临一系列选择问题，这些选择是建立在决策者间相互作用所得到的知识上的。它可以被假设为与其他决策者在空间的临近度影响其判定过程，并且这种影响随临近度递增而增加。

空间自相关在许多研究中被引用。在有关回归分析的文章中，几项研究有了以连续随机变量估计空间依赖性的模型。许多学者提供了不同的方法评估空间邻域的影响，从而加入到 Probit 模型中参与回归分析，例如空间权重矩阵。McMillen 在技术变动文章中开发了一个空间模型来表示在采取一种新技术的决策过程可以被邻域的预期效益所影响。Dubin 使用了 Kriging 的最佳线性无偏预测（BLUP）技术，利用空间自相关预测房价。Dubin 塑造了交互作用结构，而不是潜在的过程，并且将产生的相关结构和权重矩阵技术中得到的进行比较。

仅有较少的文献将空间依赖性设为定性变量和离散选择模型，Probit 模型中最早的一次尝试是由 McMillen 完成的，其合并了空间结构的离散选择模型迁移的作用。McMillen 在一个被运用于技术革新的扩散的二元模型之内实施这个想法。在此模型中，新技术的采用的可能性随样本的自身特征和其与先前采用者的相互作用变化而变化。他将相互作用的数量作为随公司间地理距离而衰减的函数。Chakir 和 Paez 等人采用了 Probit 模型，将其用于土地使用问题并且研究了交通对土地使用变化的影响。

McMillen 在 Probit 模型中探索空间的影响。他发现异方差导致了标准 Probit 模型估计的不一致，并且使用蒙特卡洛方法评估空间作用，开发了一个异方差 Probit 模型。在多项相似的研究中，在二进制数据中开发了一个常规 Probit 模型，其中空间依赖性

（空间滞后或空间错误）是存在的。

（2）地理加权回归空间模型。

由于时间和空间的相关性，目前研究了许多统计方法来克服观察值的空间自相关。地理加权回归（GWR）是一种典型的空间回归技术。

研究者发现 GWR 法会响应产生更精确的预测变量，并通过模型的残差有更多理想的空间分布，包括空间自相关比其他的低。Fortheringham，Brunsdon，Charlton 扩展的地理加权广义线性模型的响应变量指数集，处理显式的空间非定态经验关系。在过去的几十年中，地理加权回归已经应用在林业、生态和社会科学等领域。例如，Zhang 和 Shi 在美国的东北将其用来模拟树木生长，Wang，Ni，Tenhunen（2005）在中国森林生态系统中将其用来估计净初级生产，Propastin 在印度尼西亚热带雨林将其用于计算土地上部的生物量，Tu，Wu Driscoll 探索水质和物理特性或水域之间土地利用（土地覆盖）的联系，Ogneva-Himmelberger，Pearsall，Rakshit 分析在马萨诸塞州的财富和土地覆盖，Clement，Orange，Williams，Mulley，Epprecht（2009）探索从 1993 年到 2000 年在越南绿化空间变化的多种因素，Jaimes，Sendra，Delgado，Plata 根据 1993 年到 2000 年墨西哥森林的砍伐，检查纽约气候和土地覆盖模式对鸟类物种丰富度的影响。GWR 模型的缺点是，空间变异系数容易趋于多重共线性，即使模型中不存在共线性，而且在模型参数估计它们可能有强烈的积极空间自我相关。尽管 GWR 存在局限性，但它是一个有用的探索性分析工具，可以提供信息空间的非平稳变量之间的关系。因此，大多数研究者同意，GWR 可以可靠地用作探索性的技术去理解在不同地理区域内协变量如何影响反应变量。

Wei Wu 研究在波多黎各东北部 Luquillo 森林实验室运用逻辑回归模型（LRM）、物流混合模型（LMM）和地理加权逻辑模型（GWLM）去发现环境变化的影响因素。空间 LMM 没有改善在非空间 LRM 的空间预测概率。一个可能的解释是，LMM 并没有考虑非空间 LRM 各向异性的剩余误差。相比之下，GWLM 带宽接近 LRM 的有效范围的变异函数残差显示最好的拟合模型的三种类型，产生于最低的 Akaike 信息准则（AIC）和平方误差总和（SSE），以及模型残差中最小的空间自相关性和异质性。

（3）Logistic 模型与 Autologistic 模型。

用居住用地格局变化和影响因素的分析和模拟，预测居住利用空间变化规律在空间和时间的变化，在密度和强度上的变化，建立了空间回归模型。除了分析驱动力和系统动力学的学习工具，住宅用地选址模型和居住用地建设模式的探索在未来城市居住空间发展中具有重要的作用。近几年，已经促使研究人员对既有的选址模型、居住空间建设模型和城市居住密度变化预测模型进行不断改进。

逻辑回归模型（Logistic Model）中，确定所有潜在的不同的居住用地开发利用驱动力之间的交互关系是很困难的，原因在于：①缺乏对所有影响因素理解；②缺乏足够的信息；③逻辑回归模型的函数形式的限制。城市居住研究学者还开发了人工神经网络（ANNs）来模仿大脑的神经元的互联系统，以便作出计算机模仿大脑的排序模式；通过试验和错误提升学习能力，从而观察城市住宅用地利用、居住密度和建筑密度数据之间的关系。此外，人工神经网络可以采用任何变量和土地之间的非线性复杂关系进行居住用地空间模拟和居住密度空间布局模拟。近年来，一些研究者成功地应用人工神经网络模型在土地利用变化建模、城市扩张建模和城市开发密度格局方面进行预测。此外，Logistic 已纳入其他模型，如元胞自动机（CA）和 CLUE-S 模型，为空间格局分析建模。除了这些实证的技术分析影响因素和空间格局的定量关系的不同用途外，它还分析在动态仿真模型中如何使用这些技术的结果。但是，Pijanowski 等人又表明它并不总是提供最准确的空间格局模拟的最适合的实证模型。居住地选址、居住用地开发和居住密度的空间模拟模型包括随机模型、优化模型、基于过程的动态仿真模型和经验模型，其中 Logistic 模型是最基本的，也是应用最广泛的。经验主义的参数化的模型通常利用统计的方法来计算居住用地开发的概率，表示住宅开发发生与否，或者表示在一个位置特定的居住空间建设模式发生的可能性。

大量出版刊物提议采用广义线性模型（GLMs）来建立样本的空间分布模型。Osborne 和 Tigar 采用广义线性模型来预测在 Lesoth 的鸟类分布状况的可能性。Osborne 和 Tigar 给出的逻辑回归模型包括栖息地和其他空间协变量，其考虑了多样化的环境，但是忽略了剩余误差中的空间自相关系数。

自动逻辑回归模型（Autologistic Model）是对经典 Logistic 模型的一种改进。Augustin（1996）采用自动逻辑回归模型探索野生动物空间分布模式。在他们的模型中，繁殖的证据强度被设为一个贡献的函数，并通过志愿观察者观察每一个区域来考虑贡献变量。然后，利用相邻方形区域来预测目标区域情况的图像分析法，估计目标物种的繁殖范围。他们的模型不包含空间协变量，并且假设栖息地仅有此物种。在 Augustin 的论文中，我们在考虑空间自相关数和环境多样化方面对采用广义线性模型的方法进行完善。我们采用对红鹿分析的数据来说明我们的方法。和其他作者相同，Hdgmander & Moller 把空间模型应用于表示 1 平方千米中红鹿存在/没有的数据。Augustin 描述了一个在自相关数已经明确的情况下，运用表示存在/没有的数据来建立模型的过程。通过把逻辑模型扩展到包括源自邻近区域回应的额外的协变量来实现这个自动逻辑回归模型。

自动逻辑回归模型应用于物种空间分布研究，空间协变量作为附加的一个解释变量，用于纠正空间自相关的影响。空间协变量是不被实验者所操纵（但仍然影响"反应"）的独立变量（解释变量），一个影响因素所取的值称为该因素的"水平"，用于检验所有影响因素水平的不同组合被称为"方案"。空间自相关协变量的值取决于反应变量的值在邻域空间的变化。虽然在过去的 10 年中，生物地理学分析研究方法已被广泛应用，但是一直都没对其有效性和用已知的属性去人工模拟数据性能进行评估。现在提出这样一个评估方法，从数据空间自相关性角度评估流行焦点物种的范围和强度变化。Carsten F. Dormann 认为自动逻辑回归模型一直低估了在模型中环境变量的影响，相比于非空间逻辑回归得到的是有偏估计。同时，Carsten F. Dormann 通过比较与空间自相关其他可用的校正方法表明，自动逻辑回归模型使用中有更多的偏差和不可靠性，因此只有在与其他研究方法一致时才能使用。

1996 年，Augustin 等人提出了一个新的方法来解决物种分布数据空间自相关这一问题，它被称为自动逻辑回归。这种方法已经迅速在生态学家中普及，因为它提供了一种简单的方法来解决一个固有的空间数据的根本问题。应用模型的示例包括植物物种的分布模型。除了生态研究和物种分布研究，自动逻辑回归模型也被应用于图像分析和遥感以及集成电路制造。Carsten F. Dormann 在最近的文献综述研究中，在 21 篇文献中就有 8 篇文献使用自动逻辑回归模型来比较空间和非空间模型的预测能力。

该方法的起源是统计背景，但最近分为两个不同的分支：更广泛的自回归模型（也包括空间自回归模型）和自动逻辑回归模型本身，其主要应用在生物地理学领域。在本书中运用第二个版本的自动逻辑回归模型，用来估计它们的有效性。本书中的有效性指的是质量的参数估计，即为统计推断自动逻辑回归模型的可用性。

本书根据文献阅读综述了自逻辑回归的一般适用性：由于自逻辑回归是基于一个解释变量，其形成是由于在这种方法中独立响应变量可能会影响结构循环。在这项研究中，笔者想研究基于模拟数据的自动逻辑回归模型的稳定性能来解决后面的这个问题。自动逻辑回归模型将空间自相关作为一个空间协变量进行空间模拟。空间自相关（Spatial Autocorrelation）是指一些变量在同一个分布区内的观测数据之间潜在的相互依赖性。自动逻辑回归模型一般应用于预测生物的空间分布规律，例如蚊子、熊猫等；自动逻辑回归模型可应用于基于遥感图像的土地利用分类；自动逻辑回归模型还可以用于预测住宅开发的空间区位。在 Carsten F. Augustin 的研究中，空间协变量与因变量空间自相关息息相关。根据 Dormann，Legendre，Luo，Wei 等人的大量研究，不同于一般的线性回归模型，在自动逻辑回归模型中，空间协变量在模型中作为一个解释变量，用来消除因变量的空间自相关的影响，从而达到提高回归模型预测精度的目的。

总之，各类空间模型具有各自的优势和劣势，在不同的条件和环境下能够实现不同的功能。但是，空间模型的改进和应用一直在延续，这也是一个永恒的研究课题。只有不断实现空间模型的创新，提高空间模型的解释能力，才能更好地解释事物的空间分布格局和发展规律。

1.2.4　研究的不足之处

1. 城市居住空间形态测度

过去 20 年已经出现一部分景观结构的统计研究。这些研究致力于提供科学依据来分析景观结构信息，在这些研究中同时出现了一定程度的矛盾和混乱。本书主要研究景观指数之间的相互关系，同时还探索有哪些景观指数能够反映整个景观空间布局。主要目的是运用最少的景观指数来量化景观空间结构。

研究人员开发了许多度量标准来评估居住空间的物理形态和空间格局。然而，尽管有关城市居住空间形态的一系列研究在不断出现，利用空间分析的方法研究居住空间景观格局时还存在几个问题。

（1）大部分空间形态研究都是在二维平面上分析，研究中一系列空间指数有时不能从多尺度、多维度来充分测度城市居住空间形态的复杂性。

大部分城市空间形态和城市空间分异研究都是在二维平面上进行。但是，城市形态不仅包括二维平面反映的城市形态，也包括三维空间表达的城市形态。在城市居住空间分析中，大部分的研究都集中在城市居住空间的二维平面上的分析，从二维空间来表达城市居住空间结构和形态（密度和分布形式），以及城市社会经济空间分异。少数研究分析城市建筑高度的变化，以及不同高度和不同用途的建筑物的空间分布格局。仅有一小部分城市研究分析城市内部的三维空间结构和形态，这是城市居住空间研究的一个重要组成部分，对于城市规划的意义重大。城市三维空间格局分析除了研究城市水平结构和分异特征，即密度和空间分布形式，同时也应注意城市垂直维度的景观格局和空间分异，即城市建筑高度的空间特征。

一系列的指数有时不能充分反映城市居住空间形态的复杂性。依靠某一维度量化评估，例如开发密度或土地利用、城市形态的描述，未能以全面的方式充分描述社区的空间格局。因此，需要一套涵盖社区空间形态的不同维度的度量标准。同时，一些常用的空间格局指标可能是含糊不清的，需要有更好的可定量的指标。

很多文献研究忽略了空间指数之间的相关性，导致空间形态研究过程中的计算负担的加重和冗余，因而需要一套最相关的度量识别标准来划分不同类型的居住空间的三维景观格局。在城市扩张和城市化过程的研究中，景观指数的运用存在一些问题。有研究用线性相关系数来评估景观指数的两两相关关系。更进一步来说，有些指数可以同时从多角度评估景观空间格局，从而混淆斑块的景观组成成分和斑块景观外部结构。例如，不同的景观指数能够表示斑块的景观的多样性和丰富度；斑块空间特性、斑块空间位置、斑块空间方向可以评估空间斑块类型的景观空间格局。另外，某些景观指数运用不同的量化方式评估基本的空间布局，例如斑块大小和斑块密度。景观指数之间同时存在一定程度的重复和冗余，不仅是因为从景观结构部分的评估存在多重贡献性，而且是因为不同景观指数之间有很大的相关性。

在利用空间分析技术研究居住空间形态时，往往忽略了研究尺度的影响尺度。居住空间形态的研究一般是基于建筑个体尺度、住宅小区尺度、街道尺度和社区尺度的，但是大部分研究仅仅局限于一个研究尺度，同时也没有对比在不同尺度下居住空间的异质性程度。建设可持续发展的社区、绿化社区和健康社区的努力受到了越来越多的关注，对于了解社区邻里属性以描述街区尺度发展模式是非常有必要的。只有评估不同的景观尺度下的空间异质性程度，才能准确捕捉特定尺度下最显著的空间分异现象，并能根据这种明显的空间差异反映整体的空间布局。

（2）空间形态变化的研究对于 Logistic 回归模型的改进没有充分考虑空间自相关和距离衰减规律的影响。

一部分空间分异的研究忽略了空间自相关变量的影响。同时，大部分空间格局和空间分异研究在考虑量化经济中心和开敞空间等影响因子的外部作用时，简单地用欧氏距离进行衡量，根据地理学第一定律和距离衰减定律可以发现，这些因子的外部作用力是随着距离的变化而变化的，必须准确评估影响要素的作用机制，才能准确捕捉空间分异特征。根据以上的空间模型的综述研究，可以发现不同的空间模型具有不同的利用条件和模拟能力。而运用自动逻辑回归模型探索所有潜在的不同的居住用地开发利用影响因子之间交互关系是很困难的，这是由于过去的研究缺乏对所有影响因素的理解，缺乏足够的信息，以及自动逻辑回归模型的函数形式的限制。因此，要同时注意影响因子的评估方式和空间自相关变量的影响，才能提高空间模型的预测精度，改善空间模型处理空间异质性所造成的误差的能力。

2. 城市居住空间建筑高度控制分区

不同城市在不同时间对不同区域的高层建筑空间布局制定了相应的策略和规划。

（1）各城市的高层建筑空间布局优化的相关研究还未成熟，武汉市尚缺乏高度控制分区的相关研究。

高层布局规划的时点较近，研究区具有局部性，相关研究还未成熟。比较各城市的高层建筑空间布局规划制定的相关时点和研究区可发现，除北京市 1985 年开始制定相关高层建筑空间规划以外，其他城市的高层建筑空间规划的制定时间都在 2000 年以后，甚至更近，这表明相关高层建筑空间布局优化的研究刚刚起步，相关技术方法没有发展成熟。同时，不同的城市所针对的片区都局限在城市内部的地区。例如，北京市针对故宫周边和五环以内的区域进行建筑高度严格控制；南京市的研究区域为老城区；上海、成都和烟台三市针对主城区制定优化布局策略；哈尔滨市进行全市域的高层布局优化。

南京市老城区的高层建筑控制规划目的是，优化老城区的城市形态，指导城市高层建筑的开发和布局，控制城市开发密度。上海市基于城市天际线的变化提出高层建筑的建筑密度、高度的控制和布局原则。宁波市的高层空间布局优化策略则是运用逆向思维的方法，根据禁止高层建筑建设区域分析，逆向推导城市高层建筑建设允许区域，划分不同级别的发展区域。成都市研究交通网络对城市高层建筑的空间格局影响，划分 5 个高层建筑的聚集区和限制区。北京市对北京故宫周边的建筑高度实行严格的控制规划标准，旧城区内的建筑高度从二环到五环逐渐增加，提出适合北京当地历史文化要素和区域条件的城市建筑空间形态规划。烟台市根据当地的山地和水域的空间分布，提出构造烟台市城市形象的建筑三维控制规划，指导城市开发密度和高度。温州市根据城市密度控制规划和城市发展规划，结合城市自然生态环境，将中心城区划分成四类区域——高层建筑建设区、小高层建筑建设区、小高层建筑限制开发区域和高层建筑限制开发区域。哈尔滨市结合城市发展规划和城市土地建设强度分区规划，分析全市域的不同高度建筑的空间分布格局，重点分析高层建筑的分布规律，制定相应的高层建筑控制分区规划，严格控制城市开发节点的建设强度、密度和高度，并提出一系列的城市控制规划图则。

不同城市在制定规划过程中选取的影响因子具有明显的差异性。成都市主要注重交通网络对城市高层建筑空间分布格局的影响；北京市主要依据故宫文化保护区和区位条件进行高度的严格控制；宁波市侧重对禁止高层建设区域的分析；上海市主要考虑城市天际线的优化；烟台和温州两市更加注重山水特色和自然风光对城市空间形态的影响；哈尔滨市和南京老城则根据不同的激励因子和限制因子对城市开发潜力的作用，综合评价其高层建筑潜力。

根据规划综述表格对不同城市之间的建筑高度的控制分区规划的对比分析，结合以上控制分区相关的文献综述，可以发现武汉市的城市建筑高度控制分区的相关研究处于起步阶段，还没有完全成熟。因此，综述其他城市的建筑高度控制分区规划之后，结合武汉市的城市景观特色和城市空间结构，不断发展武汉市居住空间高度控制分区的相关研究内容，为武汉市健康快速发展和城市居住空间优化布局提供有效的控制分区建议。不同城市建筑布局的影响因素比较分析见表 1.1。

表 1.1 不同城市建筑布局的影响因素比较分析

主要参考文献或规划	城市	高层建筑布局的影响因素
哈尔滨城市高层建筑布局的现状特征及规划对策	哈尔滨	用地性质、区位价值和交通环境、城市景观、历史保护、其他因素（地形地势、工程地质条件等自然要素及微波通道、机场净空等）
基于多因子评价的长沙市高层建筑布局规划研究	长沙	土地价格、轨道交通、历史文化、道路容量、商业潜力、城市形象因子
城市高层建筑布局研究——以宁波市为例	宁波	城市的山体水体、公园广场等公共空间的视域、视廊、视线分析，城市的文物古迹、历史街区，机场、微波通道等
城市高层建筑规划管理控制研究——以柳州市为例	柳州	山体景观、历史文化景观、百里柳江景观、道路交通因子
城市中心区高层建筑布局实证研究及动力机制分析	香港、上海、重庆、纽约	地形地质水系条件、路网街区层面、天际轮廓线、绿地广场互补
基于高层建筑管控的南京老城空间形态优化	南京	城市风貌、历史文化、土地价格、交通可达性、建设潜力、城市景观等相关因子
"紧凑城市"理念下的建筑高度控制探索——以西安曲江新区高度控制研究为例	西安曲江	历史文化、道路容量、土地区位、自然生态、城市形象因子
成都市大型办公建筑、高层建筑分布策略研究	成都	城市交通
温州中心城区整体城市设计	温州	城市特色分区、公共城市圈、城市广场
北京市控制性详细规划控制指标调整研究	北京	城市重点风貌控制地区、有城市设计要求的地区
烟台城市高度控制的规划研究	烟台	视线通廊、视觉平台、沿街高度控制、城市中心
上海城市天际线与高层建筑发展之关系分析	上海	上海城市天际线

（2）相关技术方法多样，但定性分析居多，缺乏定量分析。

这些城市的高层建筑布局优化的研究方法以定性为主，从宏观层次制定相应的控制分区，缺乏定量分析。宁波和哈尔滨两市从基础数据着手，分析城市高层住宅空间分布格局的显著性影响因子，同时定量分析这些因子与建筑高度之间的相关关系，通过现状特征的定量分析制定布局优化策略。其他城市都是从定性的角度来制定高层建筑空间布局规划。不同城市的建筑高度控制规划比较分析见表 1.2。

表 1.2 不同城市的建筑高度控制规划比较分析

城市	研究区范围	研究起始时间	研究内容和方法	研究目的	控制分区
南京	老城区	2003 年	根据区位条件和社会经济因子对南京城区的建筑高度的影响，运用综合评估的方法划定高层建筑建筑高度控制界限	优化南京老城区的城市形态，指导城市高层建筑的开发和布局，控制城市开发密度	高层禁建区、高层严格控制区、高层一般控制区、高层适度发展区
上海	主城区	2004 年	上海主城区划分离散化网格，依据网格中平均密度和建筑高度模拟城市三维空间形态，评估建筑布局对城市天际线的影响，以此提出建筑空间形态规划	基于城市天际线的变化提出高层建筑的建筑密度、高度的控制和布局原则	基于城市天际线特色的高层布局优化
宁波	三江片区	2003 年	运用逆向思维的方法，根据禁止高层建筑建设区域分析，逆向推导城市高层建筑建设允许区域，划分不同级别的发展区域	筛选出对禁止高层建筑开发的显著性影响因子，逆向推导高层建筑开发的适宜性分区	高层建筑主要发展的区域、对高层建筑的引导区、发展轴以及城市制高区
成都	中心城区	2001 年	研究交通网络对城市高层建筑的空间格局影响，划分 5 个高层建筑的聚集区和限制区	分析城市三维空间形态与交通网络之间的关系	相对集中分布区域、带状疏散分布区域、有机分散区域、控制分布区域、禁建区域
北京	故宫周边和五环内	1985 年	对北京故宫周边的建筑高度实行严格的控制规划标准，旧城区内的建筑高度从二环到五环逐渐增加，提出适合北京当地历史文化要素和区域条件的城市建筑空间形态规划	对北京故宫周边的建筑高度实行严格的控制，同时对北京各区的建筑密度进行规划控制，以保护北京的历史要素	北京故宫周边的高层建筑严格控制区
烟台	主城区	2005 年	根据烟台市的山地和水域的空间分布，提出构造烟台市城市形象的建筑三维控制规划，指导城市开发密度和高度	主要是结合烟台市的山水特色突出烟台市的城市形象	因山水特色将高度分区扩展到整个城市，对特定的区域制定特定的高度控制策略
温州	中心城区	2001 年	根据城市密度控制规划和城市发展规划，结合温州市的城市自然生态环境，将温州市中心城区划分成四类区域——高层建筑建设区、小高层建筑建设区、小高层建筑限制开发区域和高层建筑限制开发区域	直接划分高层建筑建设区域和高层建筑限制开发区域	允许建设高层建筑区；允许建设小高层建筑区；控制建设小高层建筑区和禁止建设小高层建筑区

城市	研究区范围	研究起始时间	研究内容和方法	研究目的	控制分区
哈尔滨	全市域	2002 年	结合城市发展规划和城市土地建设强度分区规划，分析哈尔滨全市域的不同高度建筑的空间分布格局，重点分析高层建筑的分布规律，制定相应的高层建筑控制分区规划，严格控制城市开发节点的建设强度、密度和高度，并提出一系列的城市控制规划图则	优化城市建筑空间形态，协调城市开发与城市环境之间的矛盾，管理和控制城市三维空间格局	高层建筑禁止建设区、高层建筑限制建设区、中高层建筑适宜发展区、高层建筑适宜发展区

1.3 研究区与数据来源

1.3.1 武汉市主城区概况

1. 武汉市主城区地理位置

武汉市是湖北省的省会城市。汉江是长江最大的支流，武汉被长江和汉江贯穿，从而形成武汉三镇的地理格局，即武昌、汉阳和汉口，作为紧靠长江和汉江的三大城市区域。武汉市是湖北省武汉城市圈的核心城市，华中地区较发达的城市，地处江汉平原。武汉市有"江城"之名，具有丰富的水资源、山体绿地和公园广场等城市要素。在地形地貌方面，武汉市处于丘陵地带，是平原地形向丘陵地形变化的中间地带，非常适宜城市建设开发。中心城区平均海拔 20 米到 26 米，东西湖区海拔 21 米，汉南区海拔 21.2 米，蔡甸区海拔 25.7 米，江夏区海拔 28.5 米，新洲区海拔 25.2 米。本书的研究区域是武汉市的主城区，其在 2012 年总面积为 493 平方千米，包括 7 个行政区——武昌、汉口、硚口、江汉、汉阳、青山和洪山。2012 年，武汉市中心城区人口 572 万，武汉市主城区在中国中部属于人口密集区域，是全国中部区域中居住空间高需求高供给的代表性区域。同时，武汉市主城区是高层建筑集聚的中心区域，可以作为高层住宅分布格局的典型地区。因此，本书选取武汉市主城区作为城市居住空间形态研究的区域。

2. 武汉市主城区生态要素与开敞空间

武汉市以"江城"而闻名，因此，作为武汉市最典型的地理要素，水资源、山体绿地和公园广场是其最突出的生态要素。

城市区域的水资源在水平维度和垂直维度的城市居住开发的过程中，具有非常显著的积极作用。城市水域不仅可提供开阔视野和自然景观，而且是城市生态环境净化、水源供应和水质监测的重要对象。在城市水域，例如长江和东湖周围，居住空间开发强度较高，呈现为高层江景房和湖景房群。根据《武汉市保护城市山体、湖泊的办法》，关注度和实施力度不断加大，武汉市构造"碧水蓝天"城市卓有成效。武汉市中心城区的长江、汉江和城市湖泊等水资源是城市发展规划所能够利用的资源，也是生态保护规划的重点。

　　长江和汉江作为流经武汉市最大的河流和支流，是武汉市生态循环系统的重要构成。汉江流域面积，1959年前为17.43万平方千米，位居长江水系各流域之首。东湖是全国最大的城中湖泊，面积为32.4平方千米，构建大东湖生态网、东沙湖连通工程是武汉市对城市湖泊的特殊保护。主城区对湖泊的保护等级、划定保护面积实施严格的定义和保护办法。

　　武汉市中心城区共有自然山体158座，其中洪山区的数量最多，有131座，约占总量的80%。武汉市结合城市绿化斑块、水域和生态廊道发展其城市居住空间的布局与规划，不断实现"绿满滨水、显山透绿、景观道路、亲民绿化"的绿化目标。山体绿地的保护区域，将有可能限制居住建筑的高度和密度；但是，在山体绿地周围规划允许开发的范围内，山体绿地和水域等自然开敞空间又有可能作为吸引住宅开发的亮点之一。因此，武汉市作为山体绿地、水域等自然开敞空间和城市开发密切相关的典型区域，是研究城市居住空间形态测度与评价的代表性区域。

　　Geoghegan（2002）将开敞空间分为两种类型，即可开发开敞空间和永久开敞空间。可开发开敞空间将会受到居民和住宅开发人员的人为活动的影响从而发生翻天覆地的变化。例如，住宅开发的位置和变化将影响区域性公园和广场；相反，城市规划和景观生态保护规划所保护的城市综合性公园和广场则不会轻易改变，且这类公园显著影响居住开发强度。本书研究的市级综合性公园和广场归类为永久开敞空间，区域性公园和广场则归类为可开发开敞空间。

　　武汉市主城区内有11个市级综合性公园，总面积为21.05平方千米。武汉三镇呈现鼎立局面，武汉市内的市级综合性公园的数量和规模各不相同，其居住空间的数量、规模、密度和高度也随之各异。汉口地区有5个市级综合性公园，其中江岸区和江汉区各有3个和2个，面积分别为241.25公顷和52.79公顷。汉阳地区仅有一个市级综合性公园，面积为46公顷。武昌地区也有5个市级综合性公园，面积共1479.34公顷，其中武昌区1个，29.6公顷；青山区2个，86.74公顷；洪山区2个，1363公顷。不同地区的市级综合性公园规模差异较大，武汉三镇中，江岸区、洪山区的综合性公园规模远远超过其他公园。

　　除了市级综合性公园以外，武汉市主城区还有区域性公园。武汉市区域性公园共23个，总面积为376.58公顷，远远小于主城区11个市级综合性公园的规模2105.34公顷。这直观地表现了区域性公园的建设规模和服务半径要小于市级综合性公园。其中，江岸区5个，82.96公顷；江汉区3个，30.84公顷；硚口区1个，3.84公顷；汉阳区5个，66.16公顷；武昌区5个，60.60公顷；青山区4个，126.18公顷。

　　这些生态要素和开敞空间要素能够显著影响居住空间分异特征。武汉市具有如此多的生态要素和开敞空间，是居住空间形态的典型研究区。

1.3.2　数据来源

　　本书的研究区是武汉市主城区，研究对象是武汉市主城区的居住空间。本书主要分析武汉市居住空间形态在不同规模、高度、密度和空间紧凑度方面的特征，因此，研究数据与居住空间研究相关的城市要素和自然要素必须予以大量收集和处理，囊括社会经济统计数据、遥感数据及其解译成果，以及城市基础地理信息数据。不同时期的数据，首先保证所研究的不同类型和内容的数据在同一时期的完整，同时还需保证不同时期的数据的对应性，从而充分消减城市居住空间形态变化研究中由于数据的不对称而产生的误差，提高研究的合理性和准确性。在数据处理阶段，必须严格保证各类矢量数据的地理坐标和投影的一致性，同时，在各类指标的标准化方面，也需照顾到不同单位、不同内涵的指标数据的标准性和一致性。最重要的是数据的准确性、权威性和普遍性。保证研究结果的合理性、代表性和适用性，毕竟所有研究是以数据来源的真实性为基础的。因此，本书采用权威机构公布的基础数据和城市规划数据来确保研究数据真实可靠。

武汉市主城区的地理信息数据和遥感数据见表1.3。遥感数据采用的是资源三号国产卫星遥感影像，基于高分辨率影像的面向对象的解译方法，提取武汉市主城区的自然生态要素，例如长江、汉江、东湖等。

表 1.3 基础地理信息数据列表

编号	数据名称	年份	类型	范围
1	武汉市建筑解译数据	2006—2014	矢量	主城区
2	武汉市土地利用遥感解译数据	2006—2014	矢量	主城区
3	城市道路现状调查数据	2006—2020	矢量	武汉市
4	城市环线分布调查数据	2006—2020	矢量	武汉市
5	城市发展规划、土地利用规划	2006—2020	矢量	主城区
6	城市居住用地容积率现状分布	2006—2014	矢量	主城区
7	市域综合性和区域性公园分布	2006—2014	矢量	主城区
8	主城区人口密度分布	2006—2014	矢量	主城区
9	主城区基准地价分布	2006—2014	矢量	主城区
10	主城区教育设施分布	2006—2014	矢量	主城区
11	主城区医疗设施分布	2006—2014	矢量	主城区
12	主城区公共设施分布	2006—2014	矢量	主城区
13	资源三号国产卫星影像	2012—2013	遥感影像	主城区
14	SPOT卫星影像	2006—2013	遥感影像	主城区
15	城市水域、山体绿地分布	2006—2014	矢量	主城区
16	城市广场和区域性广场分布	2006—2014	矢量	主城区
17	城市其他各项相关规划数据	2006—2014	矢量	主城区

1.4 研究思路和技术路线

1.4.1 研究思路

城市居住空间形态研究在理解城市管理功能方面非常有必要。城市空间结构和居住空间形态是城市形态学研究和城市地理学研究的集中体现。城市居住空间形态的空间特征包括空间规模（密度或者用地规模）、高度和建筑空间分布形式，居住空间在不同的空间尺度和维度上所表现出来的空间特征，给建模带来了重大挑战。城市居住空间形态研究探索城市居住空间的空间结构和分布格局，根据城市居住空间的局部开发模式和整体空间格局展示城市扩张、土地利用变化的自然规律。城市居住形态学研究基于城市居住空间的社会特征、经济特征、物质建筑特征等的城市格局，反映城市居住空间的物质空间要素与城市社会文化要素和生态要素的耦合关系和时空演变规律。

1. 构建特征值指标体系来刻画居住空间形态

本书综合运用多种空间分析技术，结合应用空间分析技术和空间回归模拟方法，同时，对这些方法进行了一定的改进和创新。在运用空间分析技术刻画空间形态时，不仅仅选取多类特征值空间指标，还基于影响因子的外部作用进行空间分异特征分析，将指标与形态的分异特征和空间变化准确对应，多尺度、多维度地完整地刻画了居住空间形态。特征值指标体系主要利用一系列的空间指标来衡量居住空间的极值特征、均值特征、起伏特征、容量特征、密度特征和结构特征，同时，选取合适的计算方法和趋势面插值方法，形象地刻画居住空间形态。

2. 多尺度、多维度的居住空间分异特征分析

分析不同尺度的空间分异特征。空间尺度包括：行政区分区、环线分区、象限分区和宗地单元分区。重点分析基于宗地单元尺度的居住空间的极值特征、均值特征、起伏特征、容量特征、密度特征和结构特征，利用不同三维地形特征的描述方式来评估居住空间形态。同时，探索不同影响因素的外部影响所造成的居住空间分异规律。绘制不同的空间特征随影响因子的差异而造成的空间变化曲线，形象刻画居住空间在微观角度所呈现出来的空间分异特征。

3. 基于空间模型的居住空间分异特征与演变规律的分析

本书综合运用多种回归模拟方法，根据 ROC 曲线和赤池信息量准则（AIC）评估各空间回归模型的空间模拟能力，同时，依据残差自相关曲线来比较各空间回归模型处理空间异质性的能力，发现最优空间模型为 GFM-Autologistic Model，其 ROC（0.889）最大，AIC（482.487）最小。GFM-Autologistic Model 在经典的 Logistic 模型上做了两个明显的改进：一是运用地理场模型（Geographic Field Model）评估开敞空间和其他城市基础设施要素的外部影响作用力；二是模型纳入基于反距离权重计算的空间自相关变量，解释空间自相关的影响从而提高模型的预测精度。同时，筛选出影响高层住宅分布规律的显著性因子：城市经济中心、城市主干道、城市广场、城市湖泊、长江、中学和基准地价，以及城市历史文化名城规划和城市景观特色规划。GFM-Autologistic Model 的研究提供了一种更加可靠的空间回归模型，为今后的模型改进提供了参考角度和改进方向。

4. 基于多因子评价的城市居住空间控制分区

运用单因子评价和多因子评价技术，制定完整的影响因子和修正因子体系，同时，明确各因子的作用机制，选取合适的评估单元，从而准确划分高层开发的潜力分区。本书基于网络爬虫关键技术、高分辨率遥感影像与航片的建筑物变化监测、城市地籍实地调查数据，提取 2010—2015 年出现的住宅建筑以及规划将要建造的住宅建筑的建筑高度和空间分布，为潜力分区和控制分区提供数据基础。

根据这些高度控制分区形成 5 个具体的城市高层分区规划：高层禁建区、高层严格控制区、高层一般控制区、高层适度发展区、高层集聚鼓励区。同时，依据分级与分区控制、弹性控制与刚性控制相结合的布局思想，提出居住空间分区控制和布局。

1.4.2 技术路线

本书的技术路线如图 1.1 所示。

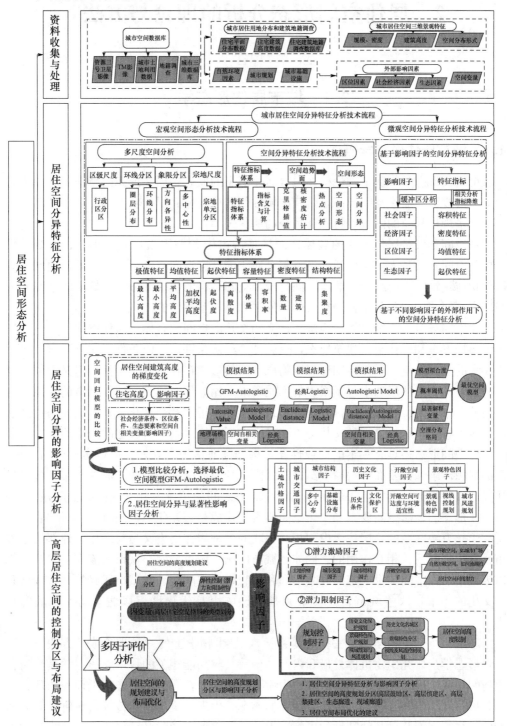

图 1.1 本书技术路线

2 居住空间形态分析的理论与方法

2.1 城市居住形态学

2.1.1 城市居住形态学概述

城市居住形态学的基本理论框架包含居住形态的概念、居住形态的特征和居住形态演变的一般规律。居住空间形态是带有区域性的居住环境和居住状态的总和，伴随着城市的发展呈现出相应的阶段性特点和系统的演化规律。

居住空间不仅是居住生活的载体，而且是城市中各种因素成长、组合、嬗变的场所。居住空间不仅是人们居住活动场所整合而成的社会空间系统，而且是城市地域空间内居住功能建筑的空间组合。居住空间是城市空间结构的组成部分，良好的居住空间形态与城市空间结构的关系是相辅相成的，反之则是相互制约的。

居住空间形态是一个自然、经济、社会和文化的空间综合体。居住空间形态包含居住用地布局形态和居住空间建筑形态，受到社会经济条件、区位条件、文化要素和自然生态要素的显著影响。居住空间形态以物质空间的形式存在于现实生活，但又不限于物质空间的范畴。居住形态中包括很多的物质要素，比如住宅建筑、建筑材料的使用、建筑空间的分布状况、建筑物的排列组合形式等；还有很多社会文化要素，例如居住区居民的主体性特征、居民之间的文化交流和日常交际、居民不同阶层之间的空间分异现象等；居住空间形态还具有一定的商业性质，例如商业房地产开发、商业房地产的出售、居民的房屋需求和开发商的房屋供给、住区内部的商业活动和消费；居住形态还包括住区居民的文化特征，例如居民的生活惯例、居民之间的传统文化、共同的上层建筑等。城市居住形态的物质空间要素和文化空间要素的构成是多元化的，同时这些居住要素之间是有千丝万缕联系的，居住区内部相互关联的各种居住要素又是与居住区外部的很多城市元素相互联系、相互作用的。例如，城市广场、城市公园、城市河流等自然要素都可以为城市居住空间提供一定的开敞空间和休憩娱乐空间，满足城市居民的日常生活和精神文化的需求，这些城市自然要素和基础设施也是优化城市居住空间形态的客观要求。

形态最早源于生物学（过去称为博物学），是生物学上的一种理论或者方法。在医学中，形态学是研究生物机体外形和内部结构及其与功能相关的科学，形态学是分析自然生物的构成、尺寸大小、形态肌理和生命活动的规律，同时从形态、生理和药理方面进行分析。每类生物都有其本身的特性，如形态、生理、生态、遗传等，在研究某方面的特性时往往离不开对其他特性的了解，因此，研究形态学时必须贯穿形态结构与功能相统一的观点。最早在《植物的变化形态》这本著作中，形态学的分析集中于生物的外部形态和内部构成上，呈现生物内部组织结构和生长规律，通过比较植物的生理特征、不同结构不同组织的构成和生长遗传，表达生物的形态结构，分析植物的生长趋势、基因突变和遗传规律。

在此之后，形态学也被应用于各类领域，例如城市研究领域、历史研究领域以及人类生理和医学领域。形态学在其他领域的应用使得形态学的研究分为两条主线。第一条主线是从局部到整体的分析路径。首先分析局部单元的空间形态和结构，然后从局部过渡到整个宏观体系，以此量化整个宏观形态和结构。第二条主线则是根据客观的发展规律来研究空间形态。由于任何事物都是在不断运动和发展的，事物的运动规律和发展规律都有一定程度的相关性，因此，从时间上和空间上来分析事物的空间形态的演变过程，从而理解形态学的意义。这两条主线在不同领域受到不同程度的重视，根据不同的研究内容应用不同的形态学思路，甚至有的研究同时应用这两条研究主线，在这两条思路的帮助下研究事物的过去、现在和将来的局部和整体的空间形态的演变规律。

城市居住形态学与系统动力学关于城市形态的研究也具有显著的系统性思维："城市有机体是由不同部分组成的，但这些局部相互连接得非常紧密，相互之间可能没有明显的界线。这些局部非常精细地在一起运行并相互影响。"很多研究将城市居住空间看作一个系统，运用系统动力学来研究城市居住形态的空间演变规律，根据系统动力学原理分析城市居住形态中的物质要素、经济要素、社会文化要素等因素的内部联系和耦合关系。

总之，城市居住形态学研究的对象是城市居住空间，探索城市居住空间的空间结构和分布格局，根据城市居住空间的局部布局模式和整体空间格局展示城市扩张、土地利用变化的自然规律。城市居住空间形态是一个自然环境和物质形态组合的空间有机体，也是人居文化和生活习惯的集聚区域，同时其变化规律包含了时间和空间的改变。城市居住空间形态是指城市居住空间的社会特征、经济特征、物质建筑特征等的城市格局，反映城市居住空间的物质空间要素和文化空间要素的相互耦合关系和时空演变规律。

城市居住形态学的研究则通过城市居住空间的分布格局和城市居住空间的布局模式在不同时期内的现状，反映各个时期居住空间的一系列社会经济特征、空间形态特征和环境特征，从而研究城市居住空间的演变规律，精炼和改善城市居住形态的研究方法。随着城市居住形态学研究的不断深入，居住形态研究也逐渐成为城市研究和地理研究的热点问题，这也给相关领域带来一系列的积极影响。第一，城市居住形态研究将实际空间特征分析过渡到实际事物的物理空间特征分析与事物之间的社会特征相关关系分析的组合，即城市物质空间构成研究转变为城市建筑空间结构和社会空间关系的分析，重点强调城市居住空间的各要素与居民之间的关系、与社会经济条件的关系、与城市区位的关系、与自然环境之间的关系，甚至是与城市居住空间开发本身的自相关关系。第二，将城市居住空间与城市联系起来，将小尺度的居住空间布局与城市各类要素（如公园、广场、河流等）的外部影响作用结合起来。将城市居住小区与城市结构和城市环境联系起来，看作一个整体的系统，联系居住小区外部城市环境对城市居住小区内部特征的影响。将基于建筑布局的静态的居住小区布局模式转变为动态的城市居住空间布局模式。第三，将城市居住的外力影响研究转变为内部和外部影响作用同时兼顾的城市研究，即不仅仅重视居住空间外部的宏观影响作用，例如城市规划的作用。同时，重视城市居住空间内部的建筑分布形态的作用。第四，居住形态演变的驱动机理研究转变为城市居住空间形态的整体系统性研究，即不仅仅研究城市居住空间形态演变的驱动力，受到不同因素的影响，同时也发掘城市居住空间形态的演变对城市居住环境、城市规划和社会经济发展的反作用力。总之，城市居住空间形态研究是在不断改进和发展的。

2.1.2 城市居住空间形态的基本要素

李小建、于一凡和冯健等学者认为，分析居住形态的空间特性和观察居住形态的空间演变规律，可以从以下三个方面着手：第一个是居住建筑群的空间特征，包括建筑高度与空间特色；第二个是居住空间的二维平面特性，包括居住空间的规模和密度特征；第三个是居住空间与周围环境要素之间的关系，包括居住空间与城市基础设施和自然生态因素等要素之间的紧密联系。城市居住空间形态的一系列空间特征可以由一些限定因素来量化，例如居住小区边界、居住小区建筑密度、居住小区住房套密度、居住小区各类用地强度、居住小区住宅的建筑高度、居住小区住宅的空间紧凑度等。分析城市居住空间形态可以从三个方面着手：第一，城市住宅建筑的物理特征和居住小区的平面空间格局；第二，城市居住空间布局模式与城市社会经济条件和自然环境之间的关系；第三，不同城市居住空间布局模式的城市空间布局和城市居住建筑的空间集聚分散特征。居住空间形态的空间分析，主要集中在规模、密度、高度和建筑分布形式上。

不同尺度和不同空间维度的居住空间形态具有非常明显的空间差异。不同空间维度的居住空间建筑分布如图2.1所示。图中3个居住区有相同的容积率，在同样大小的地块上有相同的居住密度，但是，三者有不同的建筑高度、建筑基底面积和建筑空间形态。居住区块A是均匀分布的低层建筑，建筑物空间集聚程度小，离散程度大，同时，区块A（a）提供的开敞空间的规模也较小，分布均匀；区块B（b）建筑物呈现集聚性分布，提供了相对集中的开敞空间；区块C（c）是高层住宅开发，具有良好的基础设施和环境设施。基于不同住宅开发的建筑格局造成的居住环境的不同，造成这些社区居民的生活方式的不同。容积率只能单纯地表现居住用途的地块上居住套密度或者居住建筑的总容量大小，运用容积率无法表达三维空间景观格局。因此，不同尺度下不同类型的居住空间格局的描述是基于平面的空间形式和垂直维度的建筑高度，主要依据建筑密度、建筑高度和排列方式，充分捕捉复杂的住宅开发空间格局的建筑形态特征，并且将不同类型的居住空间景观格局三维可视化。

1. 居住空间规模

在最早的中国城市住宅小区的试点中，小区的规模一般在0.1平方千米左右，同时，大于0.1平方千米的小区较多。现代道路网络中城市道路之间的距离大约是400米，由此可能形成0.1平方千米左右的住宅区域单元。邻里单元模式的居住规划模式则是利用交通为居住区范围分界依据的，但是在一般以居民为主体的社区规划理念表示这样的住宅区规模是较大的，这个则是由人的生理特征和认知能力为依据得出的结论。因此，居住空间的规模大小必须依据社区理论的概念，根据人的尺度而不是以交通或者是其他的需求为依据，按照人的认知能力范围以及人的生理和心理特征，规划居住空间的规模大小。

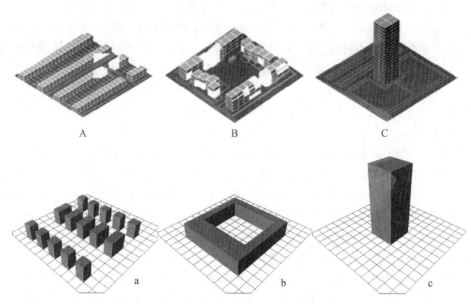

图 2.1 不同空间维度的居住空间建筑分布
A、a—行列式分布；B、b—围合式分布；C、c—点状高层分布

城市居住小区的空间规模在现代城市规划中是以社区的概念为基础的。基于以人为本的社区概念的居住空间形态分析，根据人的认知能力和生理特征来划分居住空间的开发规模，必须了解人的认知能力和生理特征。人的肉眼可视范围是 130～140 米，在这个距离范围以内，人的肉眼可以比较清晰地分辨其他物体的轮廓、大小和颜色，以及分辨其他人的性别、穿着等，超过这个距离人眼所看到的物体就会比较模糊，无法清晰成像，这个可视化范围可以作为居住建筑之间的距离。在《市镇设计》中，F. 吉伯德也描述了文雅城市居住空间的范围不大于 137 米。在《建筑模式语言——城镇、建筑、构造》中，克·亚历山大也指出人的认知距离为 300 码（约合 274.32 米）以内，因此亚历山大所确定的居住小区的空间规模为 5 公顷左右。在《城市住宅区规划管理》中，同济大学的周俭等学者在城市居住空间的研究方面不断深入，认为我国的居住小区规模的用地面积应该是 4 公顷左右，即住宅区的直径在 150 米以内，这种 4 公顷左右的居住小区规模的规划指标与西方学者的研究取得了共鸣。聂兰生、张守仪等从城市居民之间的社会特征出发，依据城市居民交流和行为确定了居住区的规模，这些规模是更小的"交往单元"和"交往组团"，是城市居住区域的基础单元。

虽然居住小区的用地规模为 4 公顷，比最早的中国小康试点社区的 10 公顷住区规模小，与小区模式中的组团相似，但是居住组团属于居住小区中的一部分，不具有完整的空间规划和建筑设计，而 4 公顷的小区具有完整的空间规划和建筑布局设计以及小区内部的各种生态系统。缩小居住区规模使得居民在有限的空间里与其他居民之间有更多接触和交流的机会，居住空间内部的归属感也加强了，同时也适应了中国房地产市场和中国土地利用现状的需求；同时，小规模的居住小区也具有一定的建设灵活度，在市场经济发展和变化的过程中，可以防止规模较大的城市居住小区在投入较大以后发生的市场方向判断错误等而出现房屋空置的问题。这种居住小区的对外包容的外向型特征能够使小区内部的居民利用小区内部以及周围的自然环境设施和其他基础设施，降低城市居住空间的分异所造成的社会影响。例如，小规模的居住小区还能够充分利用周围的商店、中学，使用城市公园和广场等自然和人文要素，提高居民生活水平，降低城市居住空间的异质性程度。因此，本书分析不同尺度下的居住空间分异特征。

2. 密度

距离与密度，可以反映居住者个体在空间上的亲密程度和远离程度，反映居住者对于建筑密度的感受。现代居住空间设计、可持续居住小区设计，更加注重增加城市居住空间的开敞空间规模和居住生活环境的质量，基于现代先进的建造技术，城市居住小区内部的住宅建筑的高度、建筑间距逐渐加大，生活环境质量也越来越好。尽管城市居住空间内部的绿地和广场等面积逐渐加大，居住小区的楼层更高并且视野更加开阔，但是居住小区建筑间距的加大使得居民之间的日常交流日益减少，居民之间更加生疏。过去的街坊式的旧城居住空间模式的建筑紧凑度能够增加居民之间的交流。不同的年龄阶层、收入阶层和不同的文化阶层对于居住空间密度的需求是各不相同的，在不同的城市区位，城市居住规划的居住密度控制指标的规定也是各异的。

城市居住小区建筑密度的不断减小，住宅密度和建筑高度的不断加大，固然提高了居住小区的通风条件、交通条件、日照时间和距离等生活环境质量，在地震疏散和安全保护方面也得到了很好的改善，但并不是建筑密度越小越好，在城市内部居住空间的建筑密度也必须满足城市日益增长的人口密度所带来的居住空间的需求量。因此，在现代，居住空间研究学者所提出的可持续发展的居住空间形态和绿色居住空间等，都在为寻找适宜的居住密度而努力。在结合城市居住规划和发展规划等一系列城市规划的同时，还要分析城市居住空间形态的现状和演变规律，从而探索最适宜的城市居住密度，促进城市居住空间开发的可持续发展。

3. 高度

在中国经济不断发展的今天，高层住宅开发正处于一个飞速发展的时期。随着城市土地资源的紧张，科学技术的不断更新，多层和高层建筑在城市中心中犹如雨后春笋般不断出现，同时建筑高度各不相同。居住建筑高度也成为城市居住空间形态研究的一个重要的相关因素，由于不同的建筑高度的优势和弊端，城市开发的重心是多层住宅和高层住宅。

中国城市居住空间布局模式在不断变化，多样性程度不断增加，受欢迎的城市居住空间布局模式是多层住宅与高层住宅混合布局的建设模式。一方面，这种居住空间布局模式利用高层住宅来提高房屋套数和容积率；另一方面，根据多层住宅的建筑成本较低来平衡高层住宅的高造价，在经济上具有一定的可行性。多层住宅与高层住宅混合布局的建设模式在当前居住区开发建设中可提高容积率、增加绿地率，同时又不会过分增加建筑成本和造价，这种模式在居住环境改善和城市发展布局中也是具有可行性的。同时，多层住宅与高层住宅混合布局模式也受到住宅建筑间距、不同类型住宅建筑的数量等因素的影响而具有不同的空间形态。住宅建筑高度的逐步提高是城市不断进步的必然趋势。高层建筑的出现也是中国城市发展的必然趋势。高层住宅与城市空间之间具有非常紧密的联系，因此，高层住宅设计开发和城市空间结构的联系也是城市研究的一个重要主题。

相对于多层住宅，高层住宅在调整城市空间结构和空间形态方面具有更加重要的意义。高层住宅开发的选址对城市发展中心具有引导作用，高层住宅开发代表了高强度的城市住宅土地利用，高层住宅集聚区域则可能代表了城市区域的发展中心。高层住宅开发改变了以往的城市水平扩张的模式，使得城市扩张不仅仅局限于水平维度的空间延伸，同时在垂直维度集中向上发展，使居住功能集中到一个住宅建筑物中，提供居住空间。高层住宅的地下和顶部的空间使用也呈现多元化，增加了城市建筑空间的使用类型。高层住宅与中低层住宅的混合建造，使得城市居住空间和活动空间具有层次性，提高了居民的活动范围，增加了城市土地空间的利用效率。结合城市发展规划和旧城开发规划，高层住宅的开发和空间布局变化，直接反映了城市空间发展的动态变化规律，同时也反映了城市经济活动、人口迁移的变化规律。因此，高层住宅在水平维度的数量和面积，在垂直维度的高度，反映城市居住空间结构和居住空间形态，调整城市的发展核心、城市发展轴向、城市发展空间层次，指导城市发展和土地利用的发展方向。

不同高度的住宅开发和布局对城市发展的一系列积极作用反映了多层住宅和高层住宅是城市空间发展的必然产物，但是，这些住宅对城市空间也有一定的负面影响，在城市开发过程中必须要不断消减居住空间布局对城市空间的负面影响。居住空间设计如果不考虑城市空间的风貌、历史和文化，仅仅追求建筑个体的形式，这样往往会损害城市的历史文化和城市风貌。甚至，高层住宅可能会过度增加城市空间容积率，从而增加居住空间的压力，破坏居住环境和城市空间结构。在住宅建筑的垂直维度的空间不断增加的同时，地面阴影不断增大，不断减少地面的日照时间和日照面积，同时可能恶化局部区域居住的热环境。居住空间的防火防灾问题也是城市居住问题的重要课题，随着住宅建筑高度的不断增加，人口密度不断提高，住宅的火灾问题突出，扑救更加困难，同时还影响建筑物周围构筑物的安全。因此，只有优化多层住宅和高层住宅空间选址和空间形态，尽量消减高层住宅给城市空间带来的负面效应，提供更好的居住环境，才能促进城市稳定快速发展。

4. 建筑分布形式

居住空间的建筑分布形式的类别一般是基于不同类型的组合形式或者不同的空间排列组合形式来划分的。

（1）不同类型的组合形式。

中国城市居住空间分布形式有两种主流趋势：第一种是以多层居住建筑为主的居住空间布局模式；第二种是以多层居住建筑与高层居住建筑混合布局的居住空间布局模式。中国城市居住空间布局模式在不断变化，多样性程度不断增加，受欢迎的城市居住空间布局模式是多层住宅与高层住宅混合布局的建设模式。一方面，这种居住空间布局模式利用高层住宅来提高房屋套数和容积率；另一方面，根据多层住宅的低建筑成本来平衡高层住宅的高造价，在经济上具有一定的可行性。多层住宅与高层住宅混合布局的建设模式在当前居住区开发建设中可提高容积率、增加绿地率，同时又不会过分增加建筑成本和造价，这种模式在权衡居住环境改善和城市发展方面也是具有可行性的。同时，多层住宅与高层住宅混合布局模式也受到住宅建筑间距、不同类型住宅建筑的数量等因素的影响而具有不同的空间形态。

（2）不同的空间排列组合形式。

居住空间中住宅建筑的平面排列组合的基本布置形式有四种，包括行列式布置形式、周边式布置形式、混合式布置形式、自由式布置形式。不同居住空间形态分布如图2.2所示。

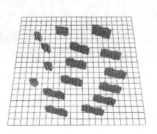

a. 行列式布置形式

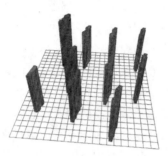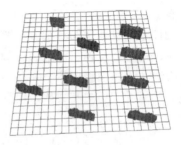

b. 周边式布置形式

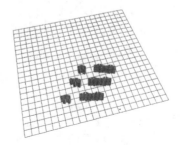

c. 混合式布置形式

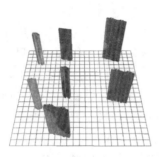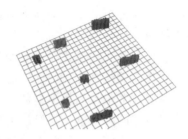

d. 自由式布置形式

图2.2　不同居住空间形态分布图

① 行列式布置形式。

行列式布置形式，指住宅建筑平行排列，呈较为均匀的行列式，具有相似的住宅间距和空间朝向。这种居住空间分布形式最大的优势就是住宅建筑的均匀排列和统一的朝向，有利于居住空间的采光和通风，是一种基本的居住空间布局模式。行列式布置形式的空间分布较为单调，而且其空间破碎度较高。

② 周边式布置形式。

周边式布置形式，也称围合式布置形式，指住宅建筑沿交通道路分布，或者沿院落、墙体分布，容易形成封闭围合的居住空间。城市内部交通道路交错分布，容易形成各种封闭围合的空间，住宅建筑的沿线分布则会形成外部住宅内部空旷的封闭式空间。周边式或围合式的布置形式在居住空间内部提供高度集聚和规模较大的开敞空间，便于开发居住绿地、小区广场和游憩场所，有利于提高土地利用效率和改善居住空间的生态环境。这种居住空间分布形式对开发地区的地质地形地貌的要求较高，小区内部的通风条件较差，防火防灾设施布置的灵活度不够，也不利于住宅建筑的防震防潮。

③ 混合式布置形式。

混合式布置形式，主要是由行列式分布和围合式分布组合布置。一般是形成半开敞式的居住空间格局。这种布局模式主要是由城市基础设施的空间分布和城市规划的要求而布置的，具有很好的设计和施工的灵活性。

④ 自由式布置形式。

自由式布置形式，指结合地形地貌条件，满足采光和通风等生活条件的要求，在满足城市规划规定的前期下，因地制宜地自由排列组合居住空间建筑，自由灵活地布置居住空间。这种居住空间的布置形式一般发生在城市边缘或者居住用地供给数量较大的区域。

2.1.3 城市居住空间形态的分类

1. 城市居住空间形态分类

居住空间形态的分类主要是从不同尺度、不同维度和不同的影响因素外部作用的角度来进行。居住空间形态分类框架如图 2.3 所示。

2. 本书研究的城市居住空间形态

本书研究的城市居住空间形态是以城市数字高程模型（Urban-DEM）为基础，从居住空间的建筑空间形态出发，首先从空间指标划分居住空间形态的角度，基于特征值指标体系解析城市居住空间形态，其次从不同的影响因素划分居住空间形态的角度，探索居住空间分异特征，最后综合研究城市居住空间形态。

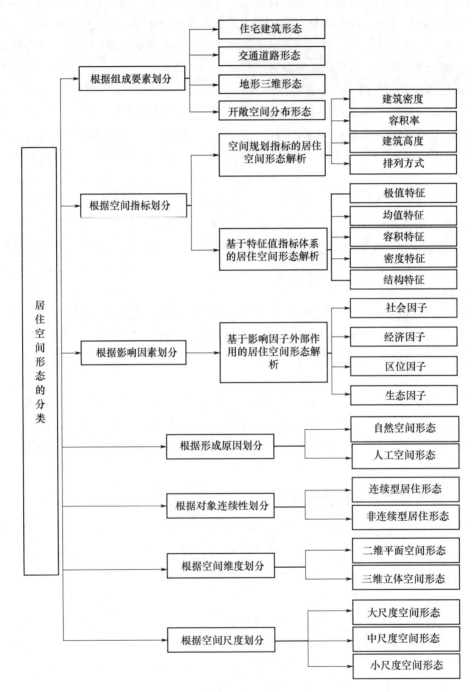

图 2.3　居住空间形态分类框架

2.2 居住空间分异研究的技术与方法

2.2.1 基于空间特征指标的居住空间分异特征分析

本书根据空间特征指标构建特征值指标体系，根据各空间指标的定量化来区分不同区域之间的居住空间分异特征，最后结合各特征值的空间趋势面来呈现整体的居住空间形态。基于空间特征指标的居住空间形态测度如图 2.4 所示。

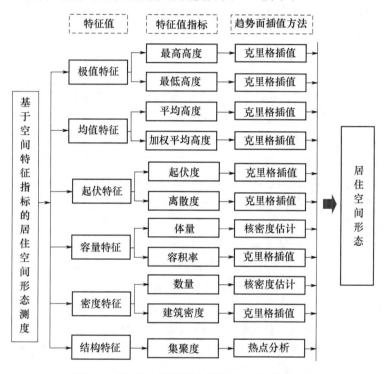

图 2.4　基于空间特征指标的居住空间形态测度

1. 空间特征指标体系

（1）极值特征。

极值特征包括最大高度和最小高度。

a. 最高高度。

最大高度是研究单元内的建筑高度的最大值。

$$H_{max} = \text{Max}(H_i) \tag{2.1}$$

其中，$i = 1，2，3，4，\cdots，x$。H_i 表示高层住宅的建筑高度，x 表示建筑物的栋数。

高层住宅的最高高度表示研究区域的建筑群中的最高建筑物的高度，反映区域建筑群形态的极大值特征。区域中的建筑最高高度，可以反映区域可以达到的最大土地利用效率，即区域目前的地质条件和建造条件下建筑物可以建造的最高高度，可用于衡量区域内部空间的利用潜力。同时，区域建筑群的最高高度可以作为标志性的建筑高度，作

35

为区域三维空间的标志性建筑。

b. 最低高度。

最低高度是研究单元内的建筑高度的最小值。

$$H_{min} = Min（H_i）\tag{2.2}$$

其中，$i = 1，2，3，4，…，x$。H_i 表示高层住宅的建筑高度，x 表示建筑物的栋数。

区域住宅建筑高度的最小值可以反映建筑群的高度极小特征。

（2）均值特征。

均值特征包括平均高度、加权平均高度和数量。

a. 平均高度。

平均高度（H_{avg}）是研究单元内的建筑高度的平均值。

$$H_{avg} = Average（H_i）\tag{2.3}$$

其中，$i = 1，2，3，4，…，x$。H_i 表示高层住宅的建筑高度，x 表示建筑物的栋数。

区域建筑群的平均高度（H_{avg}）是区域建筑群的总高度与总栋数的比值。区域建筑群的平均高度 H_{avg} 可以反映区域高层住宅空间的平均建筑强度。平均值用来表达数据集中程度，代表数据在不同区位、不同时间的平均水平，不仅可以反映区域之间的建筑群的空间差异，而且可以反映区域高层住宅建筑群的高度发展趋势。

b. 加权平均高度。

加权平均高度（H_{wgt}）是区域高层住宅的面积加权平均高度。

$$H_{wgt} = \sum（H_i \times S_i）/\sum S_i\tag{2.4}$$

其中，$i = 1，2，3，4，…，x$。H_i 表示高层住宅的建筑高度，S_i 表示高层住宅的建筑基底面积，x 表示建筑物的栋数。

加权平均高度是区域高层住宅的基底面积加权平均高度，也是建筑群的一种均值高度。其反映在不同的建筑物的基底面积的影响下，建筑平均高度的空间差异。这个指数充分考虑了建筑物基底面积的差异对均值特征的影响。

（3）起伏特征。

起伏特征是反映城市立体形态的重要特征，是区别于城市二维平面投影的空间格局分析的典型指标。起伏特征可以反映区域的三维空间的高度起伏情况。

a. 起伏度。

起伏度（Amplitud）是区域高层住宅的最大高度与最小高度的差值，反映区域建筑群的高差特征。

$$Amplitud = H_{max} - H_{min}\tag{2.5}$$

其中，$Amplitud$ 是起伏度，H_{max} 是最高高度，H_{min} 是最低高度。

本书的起伏度源于地形起伏度，地形起伏度是指在一个特定的区域内，最高点海拔高度与最低点海拔高度的差值。它是描述一个区域地形特征的一个宏观指标。地形起伏度最早源于苏联科学院地理所提出的地形切割深度，地形起伏度现在成为划分地貌类型的一个重要指标。因此，本书选用的区域内高层住宅建筑的起伏度，表示立体空间内居住空间的高低差异特征。相对于区域建筑群的均值特征的平均高度而言，相同的平均建筑高度，会由于最高建筑高度和最低建筑高度的极值特征的差异，立体空间的起伏度有明显的差异。起伏度可以直观反映城市建筑的垂直变异程度，同时反映城市立体形态和空间差异。

b. 离散度。

本书所指的离散度（Dispersion）是用区域建筑高度的标准差来评估的。标准差是方差的算术平方根。

$$Dispersion = S_{td} = \sqrt{\sum (H_i - H_{avg}) / x} \qquad (2.6)$$

其中，$i = 1, 2, 3, 4, \cdots, x$。$H_i$表示高层住宅的建筑高度，$H_{avg}$表示区域高层住宅的平均建筑高度，$x$表示建筑物的栋数。

离散度是用实验区中各高层住宅样本之间的个体差异情况来衡量的，一般用极差、方差或者标准差来计算，本书选用标准差来计算离散度。上文所提及的起伏度、最高高度、最低高度和平均高度等，不能完全描述区域内样本个体之间的差异，而离散度完全能够评估这种差异特征。平均值虽然可以表达数据的集中特征，但是不能表达数据样本的分布情况，不能衡量在平均水平两边的数据的疏密状况，因此，描述这种数据分布疏密状况的特征需要利用离散度来评估。

（4）容量特征。

a. 体量。

体量是指区域高层建筑群的空间体积，即容量。

$$V = H_i \times S_i \qquad (2.7)$$

其中，$i = 1, 2, 3, 4, \cdots, x$。$H_i$表示高层住宅的建筑高度，$S_i$表示高层住宅的建筑基底面积，$x$表示建筑物的栋数。运用趋势面方法量化体量的整体特征和空间趋势，是利用核密度函数估计的空间方法，设置的搜索半径为2000米。

体量计算的是区域建筑物在空间上的体积的总和。在城市规划中，建筑体量占据着重要的地位。建筑体量不仅与地块容积率息息相关，而且在详细控制规划中，建筑体量一般从建筑竖向尺度、建筑横向尺度和建筑形体等角度规划控制指引和上限指标。区域住宅体量则可以准确反映所在区域的居住空间的容量，表达城市三维空间的利用程度。建筑的体量大小对于城市空间有着很大的影响，同样大小的空间，被大体量的建筑围合与被小体量的建筑围合，给人的空间感受完全不同。另外，建筑所处的空间环境不同，其体量大小给人的感受也不同。大体量建筑在大的空间中给人的感觉不一定大，反之亦然。建筑体量的控制还应考虑地块周边环境的不同，比如临近传统商业街坊，若规划兴建大体量的建筑，一般应运用适当的设计手法，将其"化解"为若干小体量的建筑，使之与周边传统建筑体量相协调；在开敞空间规模较大的城市广场周边，大体量的住宅建筑的新建代替了若干小体量的低层住宅建筑。

b. 容积率（FAR）。

容积率可以直接表示居住用地的容量特征，用居住用地上建筑总面积与居住用地面积的比值表示。

（5）密度特征。

a. 数量。

数量（Count）表示一定的单位面积内住宅建筑的总栋数。

$$Count = x/4（平方千米）\tag{2.8}$$

其中，x 表示区域建筑物的总栋数。

住宅的数量从一定程度上反映区域的高层住宅的建造强度和密度，不同区域的高层住宅数量的比较也可以反映区域对高层住宅的亲和度。

b. 建筑密度。

建筑密度（BD），即建筑覆盖率，是指在一定用地范围内所有建筑物的基底面积与基地面积之比，通俗地说，就是在一片土地上除了建筑物外，还有多少的空间能够留出来做绿化，造园林，进行各种生活设施的配套。

（6）结构特征。

聚集度。本书所指的集聚度用空间自相关系数表示，空间自相关的程度则用热点分析进行量化。集聚度用来衡量研究单元内部的不同高度类型的建筑群的集聚和分散程度。本书运用热点分析的方法来探索城市内部不同高度的住宅建筑的集聚热点区和冷点区。

2. 特征值指标特性

（1）三维地形分析与 Urban DEM 相结合的思想。

本书分析城市建筑物的三维空间形态，具有典型的三维地形分析的特色。越来越多的城市三维空间数据库的构建是建立在数字高程模型的基础上的。同时，Urban DEM 的三维格局空间分析技术也可以类比于相应的三维地形空间分析建模与方法。因此，本书运用三维地形分析的思想，对城市三维空间的建筑分布格局和形态变化趋势进行准确量化和评估，同时运用 Urban DEM 和三维可视化分析直观刻画城市的三维空间形态及其空间变化趋势。

（2）代表性。

本书所选择的三维空间指标具有明显的代表性。城市三维空间数据量大，城市空间的多维特征需要相应的指标来描述。大量的空间分析与统计分析特征中，这些具有代表性的空间指标能够有选择性地刻画城市的三维空间形态，描述城市的极值特征、均值特征、起伏特征和结构特征。

（3）多尺度性。

由于空间形态的尺度效应在城市研究中是普遍存在的，因此，在探索不同尺度下的城市空间三维形态时，需要选择相应的空间指标。本书选取的空间指标在一定尺度范围内可以满足空间格局分析的要求，例如行政区尺度、宗地尺度等。本书选取的空间指标能够描绘其典型的空间特征和空间布局，揭示其空间分布规律和变化趋势。

（4）异质性。

本书选取的指标内部具有明显的异质性特征，同时，这些指标也能够准确揭示城市的三维空间异质性。首先，这些指标有明显的差异性，可以根据其定义和计算方法区别和联系它们相应的空间特征刻画功能，反映城市三维空间的利用方式和利用效率。其次，同一个指标能够评估城市内部不同的空间和区域的三维空间特征，探索其空间异质性和变化趋势，为揭示城市空间分异规律和机理研究提供准确有效的基础数据分析。

3. 基于趋势面插值的形态测度

（1）克里格空间插值。

克里格插值，又称克里金插值，是空间自协方差最佳插值。普通克里格插值方法是最普通和应用最广的克里格方法。它假设常数的均值是未知的，这是一个合理的假设，除非有一些科学的理由来否定这些假设。该方法是根据空间结构来进行插值的，第一步是判断空间位置上的空间属性的差异性与空间分布格局，第二步是计算待插值点的影响距离与影响范围，第三步则是根据影响范围内的样本点的数据特征值来估计待插值点的特征值。克里格插值方法所提供的最佳线性无偏估计的方法，可以全面地考虑样本数据分布的形状、大小以及样本数据的空间分布的几何特征、结构特征等；同时，根据线性估计、无偏估计、最小方法估计等方法来赋予插值样本一定的插值系数，利用加权平均值的方法来估计待插值点的特征值。

半变异函数和半方差函数常用来评价数据点的空间变异程度。球状模型的公式表示为：

$$\gamma(h) = \begin{cases} 0 & h=0 \\ C_0 + C\left(\frac{3h}{2a} - \frac{h^3}{2a^3}\right) & 0<h\leq a \\ C_0 + C & h>a \end{cases} \tag{2.9}$$

在这个模型中，h 代表的是空间距离，a 是指的变程，C_0 指的是块金值，C_0+C 指的是基台值。

克里格是一种最佳线性无偏估计方法，其公式表示为：

$$Z^*(x_0) = \sum_{i=1}^{n} \lambda_i(x_0)Z(x_i) \tag{2.10}$$

在这里，$Z^*(x_0)$ 是在点 x_0 处的模拟数据，$Z(x_i)$ 是测量数据，$\lambda_i(x_0)$ 是与距离有关的权重系数，n 是测量的数据点。

（2）核密度估计。

密度法通常是用来评估数据样本的集聚和分散的空间分布特征。核密度估计（kernel density estimation）一般是通过城市集聚和扩散的要素（例如人口、建筑、用地、经济等）的单位面积的密度来表达这些要素的空间集聚格局。核密度估计算法是不需要利用相关数据空间分布的先验规律，而是对数据的空间格局不限定任何假设条件，直接对数据样本本身进行空间统计分析的方法，探索样本集的密度分布特征，是一种客观直接的统计方法。

设 x_1，x_2，…，x_n 为数据集 Q 的独立同分布随机变量，而这些变量服从的分布密度函数为 $f(x)$，定义函数 $f(x)$ 如下：

$$f(x) = \frac{1}{nh}\sum_{i=1}^{n}K\left(\frac{x_i-x}{h}\right), x \in Q \tag{2.11}$$

其中，分布密度函数 $f(x)$ 是核密度估计，$K(x)$ 则是核函数，h 是预先给定的搜索范围参数。

（3）热点分析。

Getis-Ord 局部统计可表示为：

$$G_i^* = \frac{\sum_{j=1}^{n} w_{i,j} x_j - \overline{X} \sum_{j=1}^{n} w_{i,j}}{S \sqrt{\dfrac{\left[n \sum_{j=1}^{n} w_{i,j}^2 - \left(\sum_{j=1}^{n} w_{i,j} \right)^2 \right]}{n-1}}} \tag{2.12}$$

其中，x_j 是要素 j 的属性值，$w_{i,j}$ 是要素 i 和 j 之间的空间权重，n 为要素总数，且：

$$\overline{X} = \frac{\sum_{j=1}^{n} x_j}{n} \tag{2.13}$$

$$S = \sqrt{\frac{\sum_{j=1}^{n} x_j^2}{n} - (\overline{X})^2} \tag{2.14}$$

（4）皮尔逊相关系数。

在统计学中，皮尔逊相关系数（Pearson product-moment correlation coefficient，常用 r 或 Pearson's r 表示）用于度量两个变量 X 和 Y 之间的相关（线性相关），其值介于 -1 与 1 之间。在自然科学领域中，该系数广泛用于度量两个变量之间的相关程度。它是由卡尔·皮尔逊从弗朗西斯·高尔顿在 19 世纪 80 年代提出的一个相似却又稍有不同的想法推演而来的。这个相关系数也称作"皮尔森相关系数 r"。其公式为：

$$r = \frac{\sum_{i=1}^{n} (X_i - \overline{X})(Y_i - \overline{Y})}{\sqrt{\sum_{i=1}^{n} (X_i - \overline{X})^2} \sqrt{\sum_{i=1}^{n} (Y_i - \overline{Y})^2}} \tag{2.15}$$

其中 X、Y 分别指具有相关关系的两组变量，$\overline{X}$ 指的是变量 X 的平均值，$\overline{Y}$ 指的是变量 Y 的平均值。在本书中将会被用来评价房价和各种影响因素之间以及各种影响因素相互之间的相关系数，从而判断两者之间的相关程度。

2.2.2 基于空间模型的居住空间分异特征分析

基于地理场的自动逻辑回归模型（GFM-Autologistic Model）是本书重点分析的对 Logsitic 进行改进的空间模型。其由两部分组成：自动逻辑回归模型（Autologistic Model）和地理场模型 GFM（Geographic Field Model）。本节对自动逻辑回归模型和地理场模型 GFM 进行详细的阐述。自动逻辑回归模型对二分类变量进行空间回归而筛选显著性影响变量，同时考虑了空间自相关的影响。GFM 基于地理学第一定律评估城市要素的外部影响作用。

1. Autologistic 回归模型

传统的 Logistic 模型一般用于预测二分类变量的出现概率和类别。传统的 Logistic 模型多用于城市扩张预测和模拟的研究中，其中二分类变量可以分为城市用地出现和不出现，分类依据为利用 Logistic 函数计算的预测概率。二分类变量 Logistic 函数中计算预测概率的表达式如下：

$$y_i = \alpha + \beta_1 x_{1i} + \beta_2 x_{2i} + \beta_3 x_{3i} + \cdots + \beta_m x_{mi} \tag{2.16}$$

$$y_i = \ln\left(\frac{P_i}{1-P_i}\right) \tag{2.17}$$

其中，y_i 表示在位置 i 所出现的因变量类别（0 或者 1），m 表示自变量的总个数，x_{mi} 则表示在位置 i 出现的第 m 个解释变量，β_m 表示参数，α 是常数，P_i 表示在位置 i 出现高层住宅建筑的概率值。

传统的二分类逻辑回归模型（Binary Logistic）中，因变量为二分类变量，自变量可以是任意变量，包括连续变量和分类变量。但是，因变量 y_i 不仅与解释变量 x 有关，同时也受到其本身邻域的 y_i 的影响。Autologistic 回归模型是对传统 Logistic 回归模型的一种改进，这种改进考虑了因变量的空间自相关的影响，加入了空间协变量，提高了模型的拟合精度。Autologistic 回归模型在传统的 Logistic 模型基础之上以空间权的形式引入了空间自相关因子，从而克服了空间统计分析问题中固有的空间自相关效应的影响。

空间自相关（Spatial Autocorrelation）是指一些变量在同一个分布区内的观测数据之间潜在的相互依赖性，如图 2.5 所示。Tobler（1970）曾指出"地理学第一定律：任何东西与别的东西之间都是相关的，但近处的东西比远处的东西相关性更强"。Moran's I 系数是衡量空间自相关程度的一个指数。当 Moran's I 系数大于 0 时，表示变量存在正向空间自相关；当 Moran's I 系数小于 0 时，表示变量存在负向空间自相关；当 Moran's I 系数等于 0 时，表示变量不存在空间自相关。Moran's I 系数的表达式如下：

$$I\ (d) = \frac{(1/W)\sum_{q=1}^{n}\sum_{i=1}^{n}w_{qi}(y_q-\bar{y})(y_i-\bar{y})}{(1/n)\sum_{i=1}^{n}(y_i-\bar{y})^2} \tag{2.18}$$

其中，I（d）表示 Moran's I 指数，是利用反距离权重矩阵计算 Moran's I 系数来表示高层住宅建筑的空间自相关程度；y_q 和 y_i 表示位置 q 和 i 出现的变量值；$\bar{y}$ 是变量值的平均值。w_{qi} 表示权重，是以 $n\times n$ 的权重矩阵进行计算的，而 W 则是权重 w_{qi} 值的和。

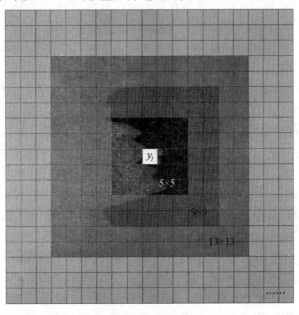

图 2.5 空间自相关

Autologistic 回归模型广泛应用于预测生物的空间分布规律，例如蚊子、熊猫等；同时，还有一部分研究利用 Autologistic 回归模型模拟土地利用空间格局。Autologistic 回归模型的表达式如下：

$$y_i = \alpha + \beta_1 x_{1i} + \beta_2 x_{2i} + \beta_3 x_{3i} + \cdots + \beta_m x_{mi} + \delta_i auto_i \qquad (2.19)$$

$$y_i = \ln\left(\frac{P_i}{1-P_i}\right) \qquad (2.20)$$

$$auto_i = \frac{\sum\limits_{q=1}^{n} w_{iq} y_i}{\sum\limits_{q=1}^{n} w_{iq}} \qquad (2.21)$$

$$n = k \times k \qquad (2.22)$$

其中，y_i 表示在位置 i 所出现的因变量类别（0 或者 1）；m 表示自变量的总个数；x_{mi} 则表示在位置 i 出现的第 m 个解释变量；β_m，δ_i 表示参数，α 是常数；P_i 表示在位置 i 出现高层住宅建筑的概率值；$auto_i$ 是方程引入的空间协变量，表示空间自相关因子；x_i 表示位置 i 出现的变量值；$\bar{y}$ 则是变量值的平均值；w_{iq} 则表示反距离权重，是以 $k \times k$ 的权重矩阵进行计算的，$(n-1)$ 则表示位置 i 所拥有的邻居数，而 W 则是权重 w_{iq} 值的和；$n = k \times k$ 表示权重矩阵有 k 行 k 列。

在空间自相关因子计算的过程中，空间权重矩阵的范围是多变的，不同的方法构建的空间矩阵是不同的，会使每个位置 i 所拥有的邻居数不同，从而造成空间矩阵有所差异。因此，选择一个合适大小的空间矩阵是非常重要的。本书筛选位置 i 所拥有的不同邻居数来构建一个最优的空间权重矩阵，同时，这个矩阵是一个反距离空间矩阵。本书选取的空间权重矩阵的行数 k 和列数 k 的取值范围为 [3, 28]，依据不同权重矩阵所计算的空间权重值在模型中的显著性来筛选最优的空间自相关变量 $auto_i$。

在 Autologistic 空间模型中是否考虑空间自相关变量，是取决于事物本身的空间自相关程度的。Logistic 模型在高层建筑开发的空间分布研究中应用度很高。Harrel 的研究表明，二元 Logistic 模型可以预测因变量的出现和空缺，这种方法是依据预测样本的出现概率来区别预测样本出现的真假（True or False）。这个模型属于一般线性回归模型，这些模型所考虑的自变量忽略了空间自相关的影响。空间自相关回归模型仅仅考虑了因变量的空间自相关。同时，变量的空间自相关是有 Moran's I 指数或者 Geary's C 指数来量化的。如果 Moran's I 指数等于 0，则表明该变量不存在空间自相关；相反，如果 Moran's I 指数不等于 0，则该变量存在空间自相关，同时指数越大，则表明自相关程度越明显。在本书中，高层建筑的空间自相关系数 Moran's I 指数为 0.867，说明高层建筑的空间分布存在高度的空间自相关。因此，本书在进行高层建筑空间分布模拟的时候应该考虑空间自相关因子，从而选用 Autologistic 回归模型。

Autologistic 回归模型将空间自相关作为一个空间协变量进行空间模拟。空间自相关（Spatial Autocorrelation）是指一些变量在同一个分布区内的观测数据之间潜在的相互依赖性。Tobler 曾指出"地理学第一定律：任何东西与别的东西之间都是相关的，但近处的东西比远处的东西相关性更强"。

Autologistic 回归模型一般应用于预测生物的空间分布规律，例如蚊子、熊猫等；Autologistic 回归模型应用于基于遥感图像的土地利用分类；Autologistic 回归模型还可以用于预测住宅开发的空间区位。在 Augustin 的研究中，空间协变量与因变量空间自相关息息相关。根据 Dormann，Legendre，Luo 和 Wei 等人的大量研究，不同于一般的线性回归模型，在 Autologistic 回归模型中，空间协变量在模型中作为一个解释变量，用来消除因变量的空间自相关的影响，从而达到提高回归模型预测精度的目的。

2. 地理场模型

地理场模型为 Geographic Field Model（GFM）。地理场又称空间场。研究生产过程的物质和能量输入，或对产品和生产结果的输出，在传播行为和运动特征上的空间规律及表现，即研究产生地理空间效应的基础原因。1971 年，地理学家哈维（D. Harvey）首先揭示了城市系统中各要素的空间再分配和空间形式的规律。其核心思想是：强调一切地理事实都是"相互联系的"，都应在一个称为"地理场"的影响之下，产生某种有规律的变更。在一个各向同性的地理空间平面上，任何一个"源"（物质源、能量源、浓度源、压力源、密度源、消费中心、污染中心、医疗中心、福利中心、人口中心、经济中心等）处于该空间场的一个特定位置上，该源或中心的有益影响或有害影响，会随着离开源的距离而发生有规律的变化，这些影响将波及周围地域。估计这种随距离变更所引起的影响程度的变化，是地理场的基本内容。

欧氏距离 Euclidean Distance（ED）方法常常用来衡量经济中心的可达度，即将到经济中心的直线距离作为变量值。最新的研究则是利用地理场模型，而不是欧式距离，来衡量社会经济因素、区位因子的外部影响。利用欧式距离方法和地理场模型来衡量这些因素的外部影响的最大区别就是量化方式。欧式距离方法直接利用直线距离量化解释变量，而地理场模型则利用地理场的影响距离进行量化。欧氏距离方法计算的欧式距离是地理场模型中的 r_i。例如，衡量经济中心的外部影响时，用欧氏距离的量化方式时，其外部影响的值在经济中心周围要小于经济中心外围。但是，运用地理场模型进行量化时，此经济中心的外部效应的影响值从经济中心周围向外围不断减小，当直线距离减小到影响距离时，外部影响减小到最小值，然后随着距离的增加，其外部影响值一直保持在最小值不变。

地理场模型用于描述空间上连续分布的现象，可以从理论上量化空间上任何一个点的特征，例如温度、密度等；同时，这个空间可以是有限的，也可以是无限的。地理场模型也可以通过矢量方式表达，有六种常见的场模型表达方式：规则离散点、不规则离散点、等值线、三角网、栅格点、不规则多边形。其中，第一和第五种可以表示为栅格数据。例如，经济中心的地理场赋予空间每个位置一个值，或者称之为影响强度，即为经济中心的外部影响效应。而这个地理场模型中的规则可以是多样的，如线性的、多项式的、指数的等。前人多选用欧式距离线性衰减来量化 Logistic 回归模型的解释变量，因此，本书运用线性函数来量化解释变量的影响强度。地理场的形成离不开中心与外围的势能差，随着与中心距离的增加地理场呈现逐步衰减的规律，直至这种场作用变为零值，到达经济中心的最大影响范围的距离阈值，从而刻画出经济中心的影响范围。但是，地理场模型中，在与中心的欧氏距离到达最大影响距离阈值，即到达经济中心的最大影响范围时，再超过这个距离和范围，经济中心的外部影响作用还是零值。

地理场评估模型的外部效应，定义规则如下：

$e_i(x)$ 表示在位置 x 受到因素 i 的外部影响作用程度，即因素 i 在位置 x 的作用分值，S 表示研究区面积。

（1）$e_i(x)$ 是一个有范围的值，同时其值在规定范围之内是连续性的。

（2）$e_i(x)$ 选取的是一个线性衰减函数。当距离是 0 的时候，$e_i(x)$ 作用分值为最大，当距离超出了距离阈值 r_{0i} 的时候，$e_i(x)$ 作用分值为 0。

地理场模型选用了包含距离阈值的一个线性衰减函数，其表达式如下。

$$e_i(x) = f_i \times [1 - d_i(x)] \qquad (2.23)$$

$$d_i(x) = \begin{cases} r_i/r_{0i}, & r_i \leqslant r_{0i} \\ 1, & r_i > r_{0i} \end{cases} \qquad (2.24)$$

其中，$e_i(x)$ 表示在位置 x 受到因素 i 的外部影响作用分值。f_i 表示因素 i 在与其距离为 0 的位置的初始作用分值，即为最大作用分值。$d_i(x)$ 是距离因素 i 的相对作用距离。r_i 是位置 x 与因素 i 的实际距离，即为直线距离。r_{0i} 表示位置 x 与因素 i 之间的距离阈值。

当同一个位置受到同一类型多个要素的外部影响作用时，这个位置受到这类要素的外部影响作用分值取其中的最大值。例如，在研究区范围内有 4 所中学，同一个位置有 4 所中学的外部影响作用分值，在评估中学这一类要素的外部影响作用时，取这 4 个值中的最大值作为其外部影响作用分值。地理场模型如图 2.6 所示。

严星和林增杰在《城市地产评估》一书中提及，影响因素 i 可以是点状要素、面状要素，甚至可以是线状要素，可以运用地理场模型评估因素 i 的外部影响作用。这些点状要素和面状要素的外部影响作用的评估是基于距离阈值量化的，距离阈值的计算表达式如下。本书以中学为例，评估中学附近的宗地受到其外部作用分值：

$$r_{0i} = \sqrt{\frac{S}{n\pi}} \qquad (2.25)$$

其中，r_{0i} 表示中学的外部作用的影响距离阈值，S 表示研究区面积，n 表示研究区内中学的数量，$\pi \approx 3.14$。例如，在图例中有 4 所中学，研究区面积为 S，且在研究区内 4 所中学呈平均分布。圆形区域则是以中学为圆心规划的服务半径，中学作用区域则是以圆形定义的。在本书中，圆的半径被定义为距离阈值，根据衰减函数为研究区域 S 中的每个位置赋予中学的外部影响作用分值。

线状要素的距离阈值用以下表达式计算，本书以主干道为例：

$$r_{0i} = \frac{s}{2l} \qquad (2.26)$$

其中，r_{0i} 表示城市主干道的影响距离阈值，S 表示研究区面积，l 表示主干道的总长度。根据图例显示，矩形的研究区域被主干道均匀划分为两半。整个研究区域 S 的两个区域中的各个位置受到主干道的影响。根据线性衰减函数计算的距离阈值，即为这个矩形区域宽度的 1/2。因此，我们能够在研究区域 S 中定义各个位置的主干道外部影响作用分值。

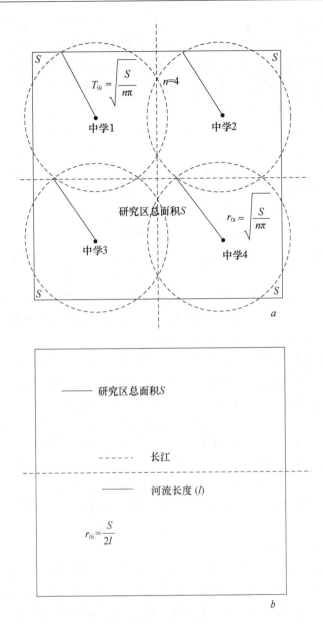

图 2.6　地理场模型

　　模型的预测精度也与解释变量的计算方式息息相关。地理场模型（GFM）用于避免欧式距离（Eucliean Distance）评估方法所产生的误差。地理场模型普遍应用于城市土地估价和城市住宅开发研究中。欧式距离的评估方法忽视了生态环境变量和城市基础设施的影响规模。在地理场模型中，基于距离衰减定律，如果影响距离在影响范围内，那么外部影响则会越来越小。当与影响中心的距离从 0 增加到影响距离阈值的最大值时，影响中心的影响力会越来越小，甚至趋近于 0；当距离增大到影响距离阈值甚至更大时，则影响中心的影响程度为 0。距离衰减定律在一些研究中，是基于欧氏距离来计算的，而地理场模型考虑了距离衰减的影响，同时考虑到了影响距离阈值，这个结论在焦利民的研究中得以集中体现。

本书利用地理场模型评估城市社会、经济和生态要素的外部影响效应。如果同类型的城市要素在同一个位置有多个外部影响作用分值，那么取最大值的作用分值为解释变量。例如，一个研究区中有 4 个经济中心，那么在研究区中的某个位置会有 4 个经济中心的外部影响作用分值，但是本书仅仅选用分值最大的作为经济中心的外部影响作用分值，作为带入回归模型中的解释变量。

总之，GFM-Autologistic 模型是基于 Autologistic 回归模型建模，同时通过地理场模型 GFM 来评估解释变量的外部影响作用。更重要的是，GFM-Autologistic 回归模型将空间自相关变量 $auto_i$ 作为一个增加的解释变量，运用空间自相关矩阵计算其变量值，参与模型计算用来消除邻域空间的影响，提高模型的拟合优度。

3. 多空间模型的比较分析

本书中利用地理场模型评估城市生态要素的外部影响效应。如果同类型的城市要素在同一个位置有多个外部影响作用分值，那么取最大值的作用分值为解释变量。例如，一个研究区中有 4 个经济中心，那么在研究区中的某个位置会有 4 个经济中心的外部影响作用分值，但是本书仅仅选用分值最大的作为经济中心的外部影响作用分值，作为带入回归模型中的解释变量。本书利用 GFM-Autologistic 回归模型模拟高层住宅的空间分布格局。我们研究建筑材料和区位因子对这类建筑选址的影响。解释变量来自高层住宅开发的设计原则和城市规划的规划目标，包括区位因子、社会经济因素和生态环境因素。同时，解释变量由地理场模型量化，而空间自相关变量是基于反距离权重矩阵来计算的。在本书 3 种模型（GFM-Autologistic、ED-Autologistic、ED-Logistic）的比较中，GFM-Autologistic 回归模型用来预测高层住宅的空间分布的精度高于其他模型的预测精度，同时模型具有最大 ROC 和最小 AIC，显示其为最优回归模型。

正如前文所说，欧氏距离方法和地理场模型的最大区别在于量化因子外部影响分值的方式。Logistic 回归模型与 Autologistic 回归模型的最大区别在于模型是否考虑到了因变量的空间自相关的影响。因此，本书比较 6 种空间模型的预测精度，选出最优拟合模型。

（1）GFM-Autologistic Model。

GFM-Autologistic 回归模型基于 Autologistic 回归模型建模，同时通过地理场模型 GFM 来评估解释变量的外部影响作用。更重要的是，GFM-Autologistic 回归模型将空间自相关作为一个增加的解释变量用来消除邻域空间的影响，运用空间自相关矩阵计算其变量值，提高模型的拟合优度。

（2）ED-Autologistic Model。

ED-Autologistic 回归模型基于经典 Logistic 回归方法建模，同时利用基于欧氏距离的方法（ED）来评估解释变量的外部影响作用。比如，直接将到经济中心的直线距离标准化值作为经济中心的外部影响作用值，以此作为参与回归模拟的解释变量。ED-Autologistic 回归模型也考虑了空间自相关的影响，运用空间自相关矩阵计算其变量值。

（3）ED-Logistic Model。

ED-Logistic 回归模型基于经典 Logistic 回归方法建模，同时利用基于欧氏距离的方法（ED）来评估解释变量的外部影响作用。比如，直接将到经济中心的直线距离标准化值作为经济中心的外部影响作用值，以此作为参与回归模拟的解释变量。但是，ED-Logistic 回归模型没有考虑空间自相关的影响。

（4）GFM-Autoprobit Model。

GFM-Autoprobit 回归模型基于 Autoprobit 回归模型建模，同时通过地理场模型 GFM 来评估解释变量的外部影响作用。更重要的是，GFM-Probit 回归模型将空间自相关作为一个增加的解释变量用来消除邻域空间的影响，运用空间自相关矩阵计算其变量值，提高模型的拟合优度。

（5）ED-Autoprobit Model。

ED-Autoprobit 回归模型基于经典 Probit 回归方法建模，同时利用基于欧氏距离的方法（ED）来评估解释变量的外部影响作用。比如，直接将到经济中心的直线距离标准化值作为经济中心的外部影响作用值，以此作为参与回归模拟的解释变量。ED-Autoprobit 回归模型也考虑了空间自相关的影响，运用空间自相关矩阵计算其变量值。

（6）GFM-LPM Model。

GFM-LPM 回归模型基于 LPM 回归模型建模，同时通过地理场模型 GFM 来评估解释变量的外部影响作用。更重要的是，GFM-LPM 回归模型将空间自相关作为一个增加的解释变量用来消除邻域空间的影响，运用空间自相关矩阵计算其变量值，提高模型的拟合优度。

2.3　本章小结

本书对居住空间分异研究的相关理论和本书研究的空间技术进行了详细论述。首先，本书对居住空间立体形态研究的相关理论进行阐述，联系城市形态学、城市居住形态学、城市地理学的相关综述和理论体系，作为居住空间立体形态研究的理论基础。其次，本书详细阐述基于空间分析的居住空间分异的技术方法，包括探索分析居住空间景观格局梯度分异技术与基于特征值的数理统计法，也包括探索空间分异的形成机制的空间模型。空间分析技术的综述部分，详细说明空间特征指标和景观格局分析方法的优势与不足；空间建模的模型综述部分，试图比较不同空间模型的改进方法、适用条件和模拟精度，重点阐述基于地理场的自动逻辑回归模型的建模方法和原理。

3 多尺度多维度的居住空间分异特征分析

3.1 武汉市主城区建筑点格局分析

3.1.1 热点分析法的建筑点格局

在热点分析图中，$Z(Gi^*)$ 的值大于 23.9 表示极为显著的高值聚集，13.9～23.9 表示显著的高值聚集，6.2～13.9 表示较显著的高值聚集；－0.8～6.2 表示空间聚集不显著；－6.9～－0.8 表示较显著的低值聚集，－12.0～－6.9 表示显著的低值聚集，小于－12.0 表示极显著的低值聚集（图 3.1）。

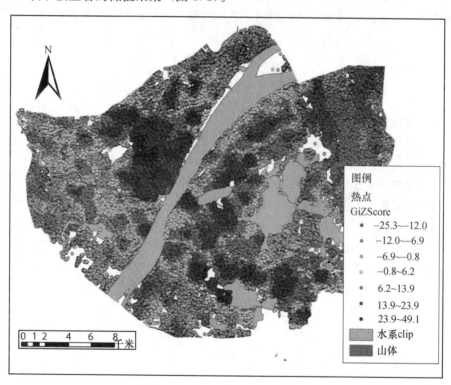

图 3.1 样本建筑点热点图

由图 3.1 可知，在武汉市主城区内，建筑分布呈现明显的区域分布。

（1）武汉市主城区建筑高度高值点的聚集区域（热点区域）主要出现在汉阳区的琴台大道与二环线之间、硚口区的解放大道与古田路附近、江汉区大部分区域、江岸区沿江区域、青山区的友谊大道附近、武昌区沿江至 4 号线之间、洪山区洪山广场—中南路及谷光广场附近。

（2）武汉市主城区建筑高度低值区的聚集区域（冷点区域）主要出现在青山区及主城区北部。

经过热点分析可知，武汉市主城区呈现多中心格局，建筑高度热点区域多分布于武汉市城市各级中心。但是，各城市中心的发展战略地位不一，参照武汉市总体规划可知，主城区持续其圈层式发展、组团式布局的城市格局，将主城区结构规划为中央活动区、东湖风景名胜区和综合组团。分析图 3.2 可知，武汉市建筑高度热点主要分布在中央活动区，但是在光谷附近也存在热点，说明武汉市的各次级中心已开始高层建筑的建设活动，而光谷区域明显领先。结合图 3.2 可知，在武昌区、洪山区、江岸区及江汉区的热点区域，不仅建筑高度高，而且建筑聚集程度较高；在汉阳区、硚口区、青山区及光谷附近的热点区域建筑聚集程度较高。

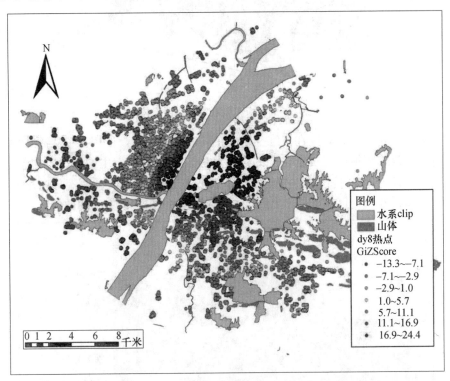

图 3.2　高层及超高层建筑热点图

在武汉市主城区的城市建设过程中，就数量最多的低层建筑而言，除去部分名胜古迹等历史建筑会被采取保护性修建措施外，大部分低层建筑会被改建，这使得低层建筑区域减少而更加聚集；就多层建筑而言，大部分的多层建筑会逐渐被高层建筑甚至超高层建筑所替换掉，使得多层建筑聚集程度增大，而高层建筑数量将会相应增加且其分布区域也会相应扩张，但其聚集度会随着区域的扩张而降低；随着城市化进程的加快，城市用地会变得极为紧张，地价也会随之增高，其中又以城市中心为最高，为提高城市中心的土地利用率，超高层建筑会越来越多地聚集在城市中心区域及交通发达地带。

3.1.2　趋势面分析的建筑点格局

仔细分析武汉市主城区建筑点群立体图（图3.3）可知，武汉市主城区建筑格局总体上高低起伏，在三维立体形态中，各类建筑占据不同空间，层次分明，整个研究区域城市建筑在三维空间上明显呈现中部高四周低、西南部高于东北部的趋势。

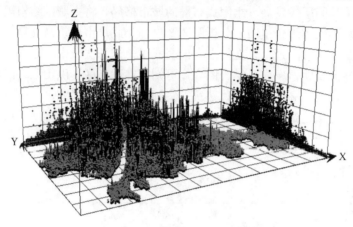

图3.3　武汉市主城区建筑点群立体图

为全面研究各类建筑高度在三维空间的布局形态与特点，使用多项式趋势面分析方法，拟合出武汉市主城区建筑点格局的大体趋势。使用武汉市主城区所有建筑点数据，做出趋势拟合图（图3.4），建筑整体上表现出四周向中部递增、西南部向东北部递减的趋势；低值区在研究区域外围散乱分布，而青山区存在一个集中的低值区。

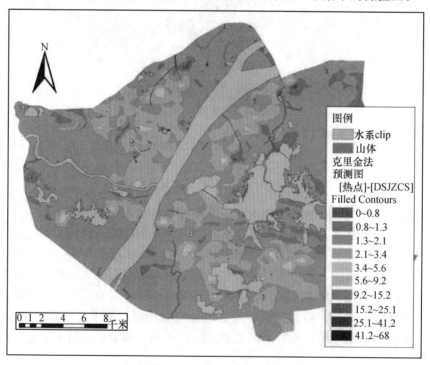

图3.4　样本点趋势拟合图

但是，近49万个样本点的计算，使得图面难以表现出建筑高度的高值区的分布情况。在选择对比后，以近万个高于24米的高层及超高层建筑点数据为研究对象，做出趋势拟合图（图3.5、图3.6），可以明显看出，武汉市主城区建筑有2个主要高值区，分布在武昌的武汉大道与中北路交会周边、汉口的发展大道与武汉大道交会处东南部，其中建筑最高值主要分布在武昌；但是也有一些高值区散布在各个区域，其中又以光谷附近较为明显。

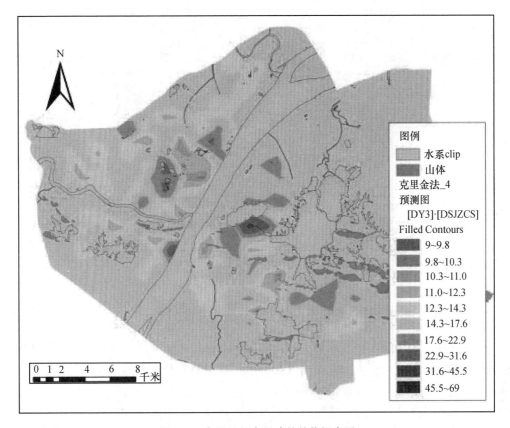

图 3.5 高层及超高层建筑趋势拟合图

在图3.6中可以看出，武汉市主城区容积率核密度高值区主要分布在汉口。在汉口建筑高度核密度高值区，容积率表现在8～30；在武昌部分，容积率在2～9；在光谷附近，容积率在1～3。对比研究可知，整个研究区中，武昌部分建筑高度最高，但汉口部分容积率最高，说明武昌部分土地利用程度比汉口部分土地利用程度表现较弱，则武汉市主城区中央活动区的城市建设活动可以趋向武昌部分，武昌以新建为主，汉口以改建为主。而光谷附近的建筑高度高值区，容积率较低，说明光谷部分已开展城市建设，但建设力度较弱，结合光谷附近科技产业及大学城的优势，武汉市主城区综合组团的城市建设活动可以趋向光谷附近；其他建筑高度低值区，一般容积率也较低，定位为东西湖风景名胜区和综合组团，也应该积极开展城市建设，加快武汉市主城区规划结构的建设。

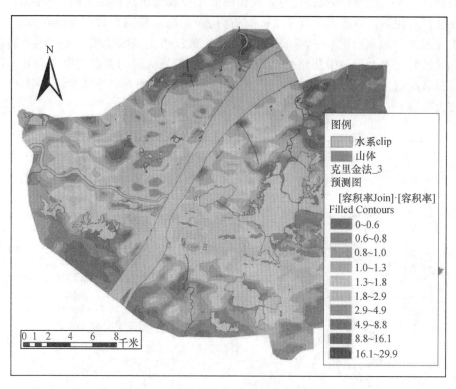

图例

水系clip
山体
克里金法_3
预测图
[容积率Join]·[容积率]
Filled Contours
0~0.6
0.6~0.8
0.8~1.0
1.0~1.3
1.3~1.8
1.8~2.9
2.9~4.9
4.9~8.8
8.8~16.1
16.1~29.9

图 3.6　武汉市主城区容积率趋势拟合图

3.1.3　建筑分布格局与城市公共服务设施相关性分析

为研究武汉市主城区建筑格局，本书采用核密度估计的方法，分析建筑分布格局与城市公共服务设施的相关性。在建筑点样本中选取建筑高度进行核密度分析，如图 3.7 所示，可以明显表现建筑高度的聚集程度。对教育设施、基础设施等服务设施进行核密度分析，与建筑高度分析对比，可以分析建筑格局与公共服务设施的相关性。

1. 建筑分布格局与教育设施的相关性分析

从规划层面来说，建筑聚集、人口众多，其配套的幼儿园、小学等教育设施也应相应增多，以满足其需求。在研究中，选取了幼儿园、小学、大学、职业教育学院 4 种教育设施作为研究对象，逐一对比分析。

如图 3.8 所示，在研究区内，汉口区域幼儿园高密度区远多于武昌、汉阳区域，建筑高度高密度区也是如此；武昌区域幼儿园呈现中等密度，其建筑高度也呈现中等密度；在光谷附近存在幼儿园的高密度点，而光谷也是一个建筑高度热点。这表明幼儿园与建筑高度成较强的正相关。

如图 3.9 所示，在研究区内，小学高密度聚集于汉口区域，而其他区域散乱分布着中等密度的小学。但是，按规划的需求来说，在武昌、汉阳等建筑高度的热点区域也应有高密度的小学。这表明小学与建筑高度成正相关。这就要求武汉市主城区的规划建设在武昌等高密度区要关注加强小学这类设施的建设。

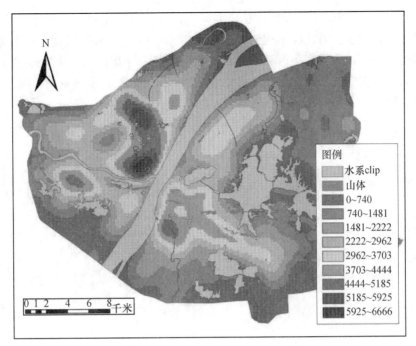

图 3.7　建筑高度核密度图

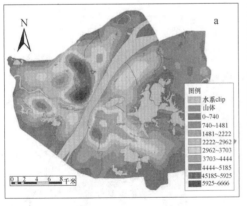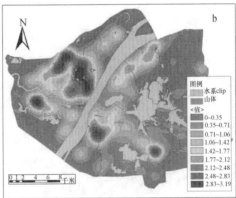

图 3.8　建筑高度（a）与幼儿园（b）核密度分析图

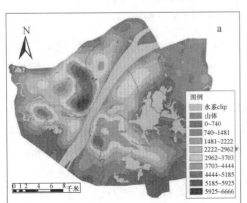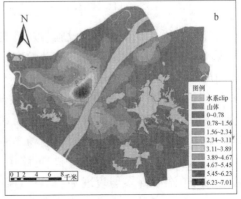

图 3.9　建筑高度（a）与小学（b）核密度分析图

从图 3.10 可以很明显地看出，在研究区内，大学高密度聚集于光谷附近，在其他区域只有较少的大学。对比样本建筑点，中央活动区的建筑密度与大学并无明显联系，而在综合组团区域，大学密集区域的建筑也呈高度密集，表明受政策影响，在大学城附近的建筑高度与大学成较强的正相关。而职业教育学院的高密度区域周边同样存在建筑高度的高密度区域，与建筑高度成正相关（图 3.11）。

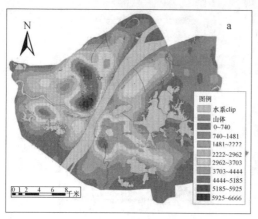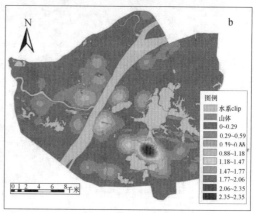

图 3.10　建筑高度（a）与大学（b）核密度分析图

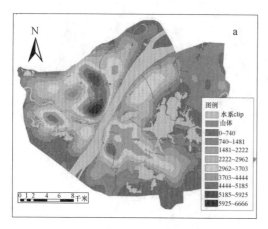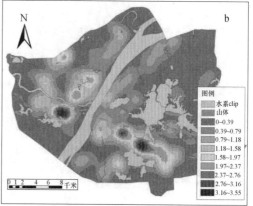

图 3.11　建筑高度（a）与职业教育学院（b）核密度分析图

经过分析研究可知，教育设施与建筑建设成正相关，教育设施密集区域的建筑高度也呈现高密度聚集，建筑建设会带动教育设施的建设，教育设施的建设也会促进周边土地的利用效率，趋向于高层建筑的建设。

2. 建筑分布格局与基础设施的相关性分析

一个城市基础设施越完善，就越能很好满足居民生活需求，城市职能就越能发挥积极作用。本书选取了道路、公园、广场 3 种基础设施为研究对象，逐一对比分析。

如图 3.12 所示，在研究区内，道路由于其交通组织作用，遍布整个研究区，其高密度也分布在各区域，但表现最明显的在汉口江汉路附近。对比建筑样本，在整体上，建筑高度密集的区域一定是道路的密集区域。但是在密集最明显的区域存在差异，总体上在汉口临近两江交汇处。这表明道路对建筑高度有良好的促进作用。武汉市的城市建设应该趋向于道路高密度而建筑高度低密度的区域，加强各级城市中心的建设活动，提高土地的利用效率。

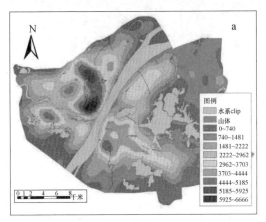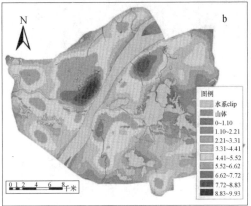

图 3.12 建筑高度（a）与道路（b）核密度分析图

如图 3.13 所示，公园密集区域散乱分布，其高密度最明显的区域在龟山、琴台附近。对比分析可知，公园密集区域一定是建筑高度密集区域，只是密集程度不同。

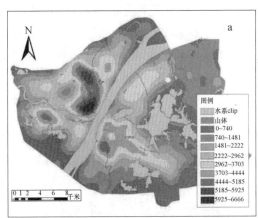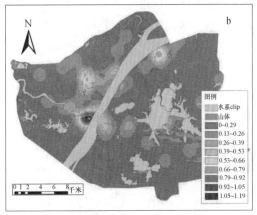

图 3.13 建筑高度（a）与公园（b）核密度分析图

在光谷等次级城市中心，公园处于低密度甚至数量极少，难以形成密集区，与建筑高度密集不匹配，难以满足居民需求。广场则是少量形成密集，整体上散乱分布，以汉口的百步亭、武昌的万达广场表现最明显，但是广场密集区域同样是建筑高度密集区（图 3.14）。这表明公园、广场等开敞空间与建筑高度成正相关。武汉市在今后的建设活动中，要加强公园、广场等开敞空间的建设，以满足人们的休憩、娱乐等生活需求，丰富城市的三维空间形态，提高城市形象。

经过研究分析可知，基础设施也与建筑建设成正相关。基础设施的密集区域也是建筑高度的密集区域，建筑建设会带动基础设施的建设，在武汉市的建筑建设向光谷等次级中心转移的同时，其相应基础设施也要加快建设。

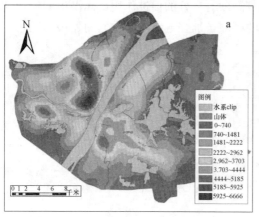
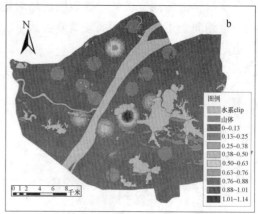

图 3.14　建筑高度（a）与广场（b）核密度分析图

3. 建筑分布格局与其他服务设施的相关性分析

对城市来说，公共服务设施越完善，城市职能就越齐全。在本书中，选取了综合医院、集贸市场、综合商场、大型超市 4 种服务设施为研究对象，进行对比分析。

如图 3.15 所示，综合医院密集区域分布在整个研究区，基本上各区域都有密集区，但是高密度聚集表现最明显，在汉口中央活动区的武汉大道、发展大道与两江围合的区域，即武汉市的城市主中心。可以很明显地看出，医院密集区域及周边存在建筑高度的密集区域，医院密集最明显的区域也是建筑高度密集最明显的区域。这表明医院与建筑高度成正相关。在武汉市各次级中心建设发展的同时，也要加强综合医院的配套建设，满足居民的健康方面的需求。

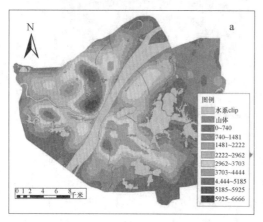
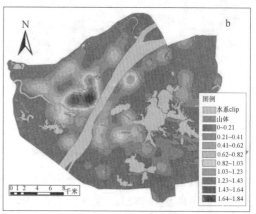

图 3.15　建筑高度（a）与综合医院（b）核密度分析图

在研究区内，集贸市场、综合商场、大型超市的密集区域一般与建筑高度密集区域重合，高密度区域也大致上重合（图 3.16 至图 3.18）。这表明其他服务设施与建筑高度成正相关。在城市建设的同时带动服务设施建设，服务设施的建设促进建筑高度的增长建设。在武汉市中央活动区已完成大部分建设，城市建设向光谷等次级城市中心转移的同时，各类服务设施也要在次级中心加强建设，完善城市职能构成，促进城市发展。

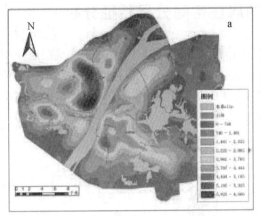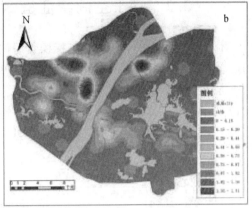

图 3.16 建筑高度（a）与集贸市场（b）核密度分析图

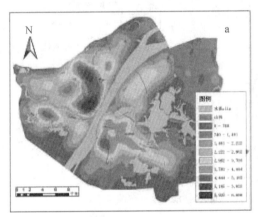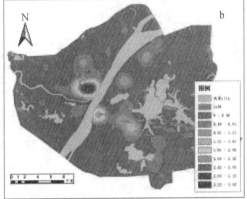

图 3.17 建筑高度（a）与综合商场（b）核密度分析图

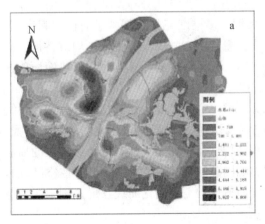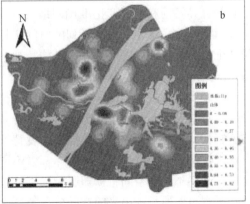

图 3.18 建筑高度（a）与大型超市（b）核密度分析图

3.2　基于空间特征指标的居住空间分异特征分析

本书主要是基于空间特征指标探索居住空间分异特征，从不同尺度进行城市居住空间形态的测度。本书运用空间特征指标（参考本书2.1.1节的主要内容）详细阐述特征值指标体系和趋势面构建方法。多尺度、多维度的居住空间分异特征分析方法如图3.19所示。

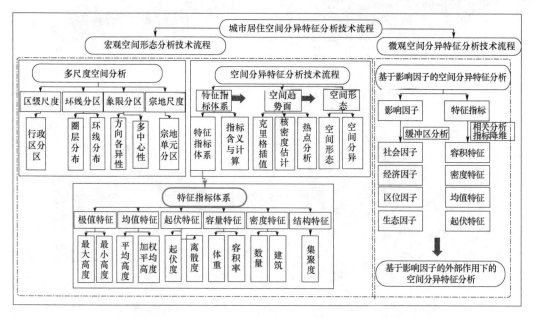

图 3.19　多尺度、多维度的居住空间分异特征分析方法

本书综合运用多种空间分析技术，结合应用空间分析技术和空间回归模拟方法，并对这些方法进行了一定的改进和创新。在运用空间分析技术刻画空间形态时，不仅仅选取多类特征值空间指标，还基于影响因子的外部作用进行空间分异特征分析，将指标与形态的分异特征和空间变化准确对应，从多尺度、多维度完整地刻画了居住空间形态。特征值指标体系主要利用一系列的空间指标来衡量居住空间的极值特征、均值特征、起伏特征、容量特征、密度特征和结构特征，同时，选取合适的计算方法和趋势面插值方法，形象地刻画居住空间形态。

在多尺度、多维度的居住空间分异特征分析中，空间尺度包括：行政区分区、环线分区、象限分区、宗地单元分区。重点分析基于宗地单元尺度的居住空间的极值特征、均值特征、起伏特征、容量特征、密度特征和结构特征，利用不同三维地形特征的描述方式来评估居住空间形态。同时，探索不同影响因素的外部影响所造成的居住空间分异规律。绘制不同的空间特征随影响因子的差异而造成的空间变化曲线，形象刻画居住空间在微观角度所呈现出来的空间分异特征。

3.3 基于区级行政区划的居住空间分异特征分析

武汉市主城区的区级行政区域划分为：武昌区、洪山区、青山区、江岸区、江汉区、硚口区和汉阳区。根据空间指标的三维图显示，居住用地上的最高建筑在各行政区内的空间分布各不相同，即江岸区和武昌区的住宅建筑的最大高度（H_{max}）较高，青山区最低。起伏度（$Amplitud$）、最大高度（H_{max}）以及加权平均高度（H_{wgt}）的三维形态所呈现的空间特征极为相似。江汉区、武昌区的起伏度（$Amplitud$）较高，而青山区和硚口区的起伏度较小，造成这种空间格局的原因主要是城市经济发展速度和地理区位条件以及城市历史名城保护的影响。江岸区、武昌区、江汉区、硚口区由武汉市主城区的一环线贯穿，地处城市最发达的中心部位，地价和人口集聚程度较高导致其建设强度增加，但是硚口区、武昌区的城市历史名城保护区（景观保护区、人文保护区）对最大高度和总体建设强度都有一定的限制性作用；汉阳区、洪山区、青山区的经济条件和区位条件较劣于其他行政区，其空间利用效率较低。

在平均高度（H_{avg}）方面，硚口区最高，武昌次之；同时，硚口区、江岸区、武昌区的平均高度要明显高于其他行政区的住宅建筑的平均高度。面积加权平均高度的三维形态与平均高度的三维形态略有不同，最高的不是武昌区，面积加权平均高度的最高峰区域在江岸区，洪山区和武昌区的平均高度相差很大，而两者的 H_{wgt} 值相近，表明两区内部的住宅建筑的基底面积差异性较大。这是由于武昌区、江汉区、江岸区和硚口区邻近武汉市主城区的中心，也是武汉市的老城区，最早实现了城市化；而洪山区是武汉市城市扩张过程中逐渐形成的新城区，不仅主要涵盖城市二环线和三环线之间的范围，同时还包含东湖风景保护区，导致其住宅建筑的基地面积、高度等指标的多样性更强。基于行政区尺度的平均高度和加权平均高度的三维形态的空间差异可以反映武汉市主城区各行政区的住宅建筑的基底面积差异较大，尤其是洪山区内部住宅建筑的基底面积变化较大。

分散度（$Dispersion$）表明各区域住宅建筑样本之间的个体差异性。$Dispersion$ 越大，表明其个体差异性越明显，即住宅建筑的高度变化越剧烈，由此可以推测该区域内部不同位置的区位条件和发展趋势差异性较大。例如，江岸区南部邻近一环，是靠近循礼门、解放公园等地的沿江区域，城市经济发达地理条件较好；而江岸区北部区域则远离城市中心区域，邻近三环线，区位条件相比于南部区域较差，因此，其住宅建筑的高度差异在这两个区域会较大。同时，沿江区域的建筑高度的变化也会非常显著，导致住宅建筑群的 $Dispersion$ 较大。

数量（$Count$）和体量（V）的三维图显示，一定区域内洪山区的住宅建筑的数量最大，容量也最大，即武汉市主城区分布在洪山区内居住空间最多。洪山区的行政区划范围邻近二环线边缘，处于城市中央活动区到城市边缘之间，因此其区位更适宜居住功能。在武汉市城市发展的过程中，居住空间也多集聚在洪山区范围内。虽然江汉区、硚口区和武昌区的数量不是最多的，但是其住宅建筑高度的平均水平较高，土地利用效率较高，住宅建筑的建筑高度分布也是较为离散。基于行政区尺度的住宅空间形态如图 3.20 所示。

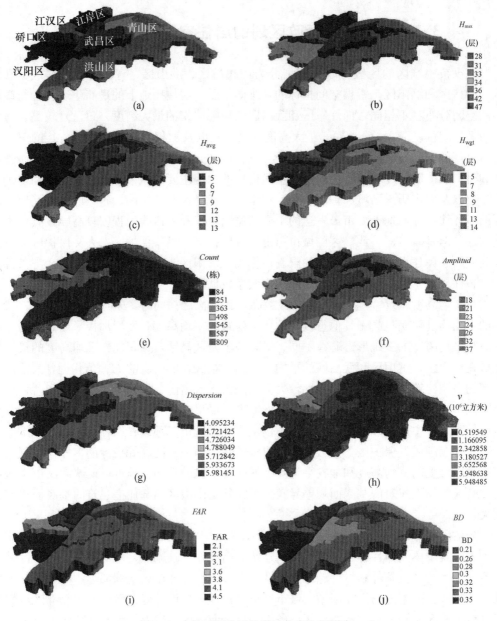

图 3.20　基于行政区尺度的住宅空间形态

3.4　基于城市环线尺度的居住空间分异特征分析

武汉城市三环线（图 3.21）是从武汉市主城区地理中心向城市外围不断扩散的城市环线，一环线（内环线）位于城市内部最中心的部位。武汉内环线由长江大桥—武珞路—中南路—中北路—徐东大街—长江二桥—解放大道—航空路—江汉一桥—长江大桥构成，全长约 28km。鹦鹉洲长江大桥通车后，武汉市目前的内环线将南移外扩，鹦鹉洲长江大桥将取代长江大桥，与长江二桥一道，构成武汉新的"一环线"。二环线是武汉中心城区的快速路。武汉三环线又称武汉中环线，全封闭，属于市内高速，环绕整个武汉中心城区。从一环线到外围三环线方向，宏观上呈现武汉市城市扩张的方向。

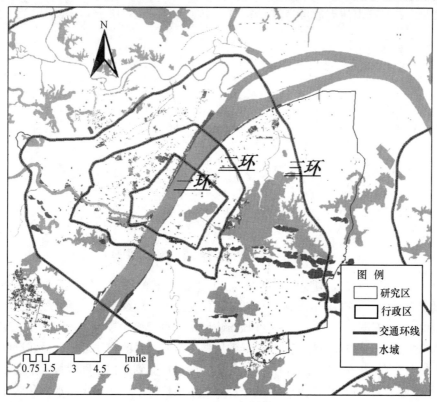

图 3.21　武汉市主城区三环线分布示意图

注：1mile=1.61km。

住宅建筑基于城市环线分区的均值特征具有明显的距离衰减规律，从一环线到三环线，平均高度呈梯度下降，加权平均高度同样呈梯度下降，两者变化趋势相同。武汉市主城区城市环线尺度均值特征图如图 3.22 所示。

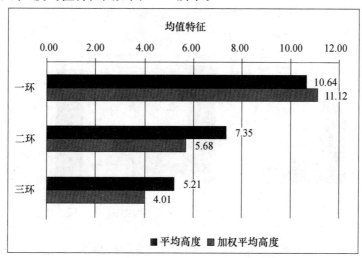

图 3.22　武汉市主城区城市环线尺度均值特征图

　　城市主城区域由城市三环线所划分成三个城市圈层，住宅建筑的数量呈明显的差异性特征，用地面积较小的一环线内，住宅数量为每 $4km^2$ 796 栋；二环内住宅数量为每 $4km^2$ 524 栋；三环内住宅数量为每 $4km^2$ 134 栋。如图 3.23 所示。

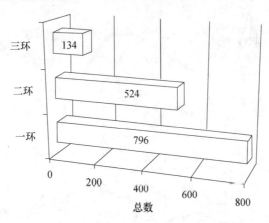

图 3.23　武汉市城市环线尺度数量特征图

　　由图 3.24 可以看出，随着从一环线到三环线的距离的增加，经济活动集聚强度逐渐减弱，城市地域的功能逐渐由商业功能转向居住功能。一环线围绕圈层区域相比于其外围的二环和三环线圈层，不仅由于一环线城市建设用地数量相对较少，还由于在一环内部地价最高，更倾向于开发商业建筑，从而导致居住建筑的数量的在一环线的最邻近区域的单位面积的居住空间开发强度最大，但是居住空间的总量受到居住空间数量的限制，而不是最高水平。随着与一环线圈层的距离的增加，城市地价水平、交通设施水平和居住环境越来越适宜居住空间的开发，居住建筑总数量和总容量呈逐渐上升而后梯度下降的趋势，但是单位面积的数量和容量将会随之下降，同时居住建筑起伏度（Amplitud）和高度差异（Desperison）将上升到一个峰值；以这个峰值为临界点，随着距离持续增加，导致地价水平和交通设施、城市基础设施水平的急剧下降，居住建筑起伏度（Amplitud）和高度差异（Desperison）会逐渐下降，而且下降的趋势越来越明显。结果表明，在城市环线尺度，不同环线区域的居住空间特征会有明显的差异，如图 3.24 所示。

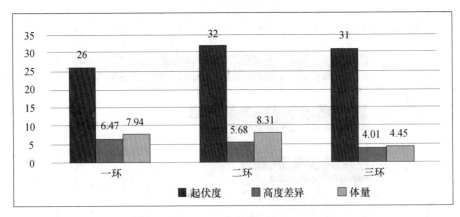

图 3.24　武汉市城市环线分布起伏特征图

3.5 基于象限分区尺度的居住空间分异特征分析

从图 3.25 可以看出，武汉市主城区的居住空间呈现明显的方向性分布，沿西北方向和东南方向（NW-SE）斜向分布，主要集聚于 NW-SE 方向两旁。W-NW 和 NW-N方向主要是长江流域的西北部分，集中于武汉三镇的汉口地区。N-NE 和 S-SW 主要沿长江流域的方向，两个方向的区域内部有大面积水域。

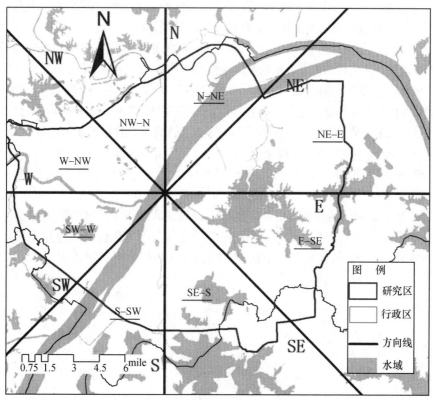

图 3.25　武汉市主城区象限位分析示意图

注：1mile＝1.61km。

起伏度（*Amplitud*）和最大高度（H_{max}）在不同方向上的空间差异也较为明显，主要两个象限分区 N-NE 和 SE-S 出现峰值，起伏程度较为剧烈，住宅建筑所形成的城市下垫面波动显著；其他区域的起伏程度相对较低，城市下垫面起伏较弱，较为平坦。城市垂直维度的建筑高度的起伏程度将明显影响城市上空气流方向和强度、城市热岛效应和居住空间的温度等。平均高度（H_{avg}）和面积加权平均高度（H_{wgt}）的雷达图的分布格局同样表达不同方向的空间形态的变化成斜向变化，H_{avg} 倾向于东西横向分布，H_{wgt} 倾向于南北纵向分布。其中，两者之间具有明显差异的是象限分区 NE-E，在这个区域内部建筑物沿沙湖和长江方向呈条带状分布，区域 NE-E 的 H_{avg} 和 H_{wgt} 的差异表明建筑个体之间的建筑基底面积明显不同。

离散度（*Dispersion*）的方向各异性特征与其他指标所表征的空间形态和空间差异有所不同。象限分区 W-NW 和 SE-S 区域在建筑数量较大的情况下具有明显的离散程度，即其建筑高度个体间在高度上呈明显的变化趋势；象限分区 NW-N 和 E-SE 区域具有较高的数量（Count）和体量（V）时，区域内部的各住宅的建筑高度又较为相似，即其住宅的建筑高度多集中于平均高度附近，建筑高度相似度较强，集中特征明显。例如，NW-N 区域内部城市改造项目不断进行，同时由于 NW-N 的象限分区内部不仅包含中央商务区和武汉广场商圈，同时也包含部分城市历史文化名城片区（如江汉片区等），在经济发展的促进作用和城市规划的限制作用的共同影响下，区域内部的建筑高度呈明显的空间差异性，即其离散度（Dispersion）较大。相反，E-SE 区域的住宅建筑新建年限较近，同时，这些住宅建筑大部分集中于楚河汉街中央文化区以及光谷商圈两个区域，建筑个体距离较近使其区位条件相似，导致住宅建筑个体内部差异较小，呈现其离散程度较小的现象。

数量（Count）指数、体量（V）指数以及加权平均高度（H_{wgt}）的雷达图的空间形态相似，三者可以表达住宅建筑的总容量的整体水平和平均水平；同时，在不同方向上的数值波动剧烈，呈现明显的斜向方向性差异。Count 指数和 V 指数的雷达图可以明显反映武汉市主城区住宅建筑的数量和体量分布的方向各异性，不同方向的数量和体量特征具有明显差异。NW 方向是住宅集聚的主要方向，W-NW 和 NW-N 两个区域的住宅建筑的数量最大，住宅建筑的数量（Count）分别为 664 栋和 528 栋，体量（V）分别为 4.40（$\times 10^6 m^3$）和 2.89（$\times 10^6 m^3$）。SE-S 和 E-SE 两个区域的住宅建筑的数量次之，住宅建筑的数量分别为每 $4km^2$ 531 栋和 381 栋，体量分别为 4.22（$\times 10^6 m^3$）和 3.22（$\times 10^6 m^3$）。

总之，基于象限位的分析方法的雷达图直观表达武汉市主城区的住宅建筑群的空间分布具有明显的方向各异性。同时，不同三维形态指标的方向性空间差异明显，三维空间形态总体呈 NW-SE 斜向分布。主城区方向各异性特征分析如图 3.26 所示。

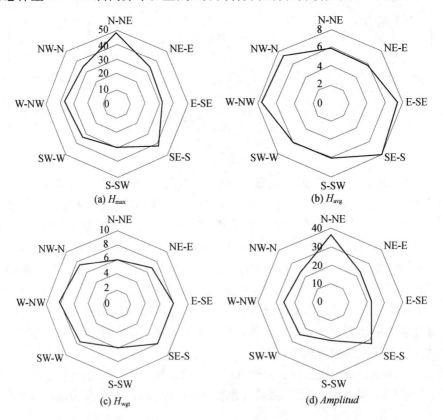

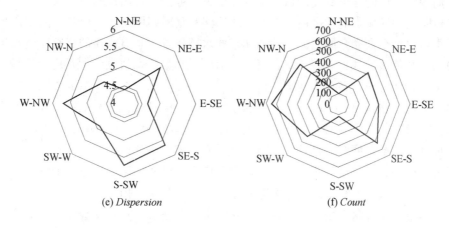

(e) *Dispersion*　　　　　　　　(f) *Count*

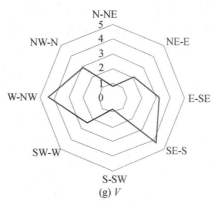

(g) *V*

图 3.26　主城区方向各异性特征分析图

3.6　基于宗地尺度的居住空间分异特征分析

3.6.1　极值特征分析

极值特征包括最大高度和最小高度两个指标。

1. 最大高度

最大高度（H_{max}）趋势图表明，武汉市主城区的最大高度的空间形态中峰值区域（26.6～47）主要呈现较强的集聚格局，呈"多峰式"多中心跳跃式分布格局，同时，最大高度的下降趋势是由峰值区域中心呈圈层向外围随距离衰减扩散。武汉市主城区的最大高度的变化趋势主要从 4 个主要峰值区域向外围下降。第一个峰值区域是武汉天地所在的区域，位于在武汉市主城区武汉大道和中山大道交汇处南部，是汉口沿江住宅地区建筑高度峰值的主要区域，同时武汉天地片区也是武汉市的高档住宅区域，房价片区均价最高。第二个峰值区域是建设大道与西北湖路交会处，位于中山公园北部和西北湖附近的区域，毗邻王家墩中央商务区（CBD），此区域的地价较高，区域内较高的土地集约利用效率的要求导致建筑高度不断增长，CBD 促进经济活动和城市人口的集聚，使得其周围住宅区的住宅高度的最大高度在中央商务区附近出现峰值。第三个峰值区域是街道口附近的区域，此片区由中南路、珞瑜路和珞狮路围绕，不仅紧靠洪山广场、中南路、街道口3个商圈，同时距离沙湖和东湖水域较近，具有优质的交通环境和生态环境。第四个峰值区域邻近光谷广场，第三峰值区域和第四峰值区域主要是沿武昌珞瑜路主干道呈条带状分布，在三维地形分析中可以作为"鞍部"形态。由最大高度的空间形态图可以看出，珞瑜路的"鞍部"两端峰值较高，同时其红色区域范围较大，表明高度下降范围较大，其坡度较缓，梯度下降较慢。最大高度特征值在城市商业中心附近较大，形成峰值区域，同时，从这些峰值区域呈圈层向外围递减。

最大高度的第一梯度（$H_{max}>20$）峰值区域主要分布于以上所述4个峰值区域，第二梯度（$14<H_{max}<20$）的区域主要分布于第一梯度外围，但是，还有2个片区位于二环线外围。这2个片区主要位于武汉二七长江大桥与解放大道的交会处（二七商务区），以及和平大道和平公园北面的邻江地段。这是由于武汉市主城区的二七长江大桥贯通城市二环线，直接连通长江两岸地区，交通通达度较高，促进二环线的二七长江大桥与解放大道交会处的居住空间土地利用程度的提升，导致此二七片区的居住宗地斑块的最大建筑高度高于江岸区城市二环线到三环线附近的区域。隔江相望的住宅建筑集聚区域主要是红钢城新奥依江畔园高层住宅小区，受到青山区中心的红钢城的影响，同时其所处区位毗邻长江，促使其住宅建筑高度的最大高度处于较高水平。最大高度分布如图3.27所示。

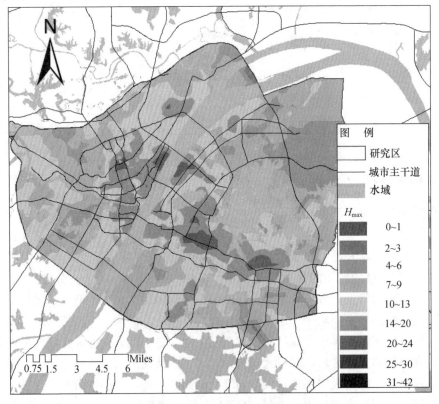

图3.27 最大高度分布示意图

2. 最小高度

最小高度是研究单元内的建筑高度的最小值。

最小高度（H_{min}）趋势图表明，武汉市主城区的最小高度的空间形态呈东西向变化，峰值区域主要沿地铁二号线（王家墩东—循礼门—中南路—街道口—光谷）呈带状分布趋势，同时，其峰值区域与最大高度（H_{max}）分布图（图 3.27）的峰值区域的空间分布相似。H_{min} 指标数值主要是从汉口的武汉天地、王家墩、街道口和光谷这几个峰值地区的中心向外围梯度下降。由此可见，地铁二号线沿线的建筑高度的最小值还是要略高于其他区域的最小建筑高度。最小高度与最大高度的空间特征的区别主要在于其"山峰峰值"的差异程度，最大高度趋势图显示各个"山峰峰值"差异较小，容易相连，连片度较大，且"山峰"下降较缓；最小高度的"山峰"非常明显，且其下降范围（红色区域面积）较小，下降较快，最小高度分布如图 3.28 所示。

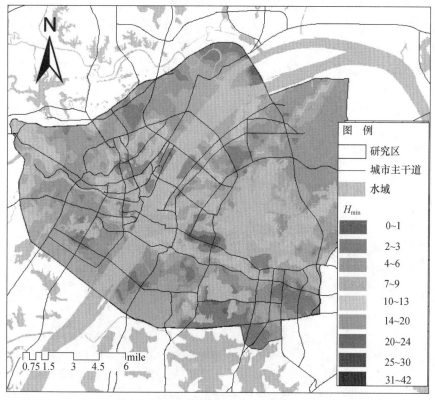

图 3.28　最小高度分布示意图

注：1mile＝1.61km。

3.6.2　均值特征分析

均值特征包括平均高度、加权平均高度。

1. 平均高度

平均高度（H_{avg}）可以反映城市居住用地在三维空间层面的空间利用效率的平均水平。平均高度趋势图显示，武汉市主城区的居住区空间形态的平均高度特征的变化呈"多鞍部"的带状分布形态，在长江北部主要沿长江呈南北向带状分布，而在长江南部的武昌区域则呈东西向的垂江分布。从武汉市主城区的整体平均高度水平来看，平均高度数值较高的集中片区主要由长江分割，其中汉口区域主要呈块状分布，武昌区域则呈条带状分布，主要的峰值区在汉口，集中在武汉天地和王家墩商务区东边，还集中在武珞路中南路——街道口的洪山广场附近。武汉市主城区的居住区空间形态的平均高度特征在长江北部的汉口地区较为平滑，由"山峰"向外的下降程度较缓，仅在武汉天地区域和王家墩商务区附近有一定程度的波动，沿一环线两旁的住宅建筑的平均高度特征相似，即其平均高度整体相同。而在汉江和长江交汇处，其平均建筑高度要比其他地区低，主要原因是在武汉城市规划中汉江和长江交汇处作为武汉市城市文化绿谷，是城市开发建设长期控制的重点区域，其土地利用效率一直保持在低水平。

武汉主城区南部的峰值区域的空间形态主要呈带状分布。沿武珞路的中南路——光谷地段，平均高度的均值特征主要呈"鞍部"形态，"鞍部"两端中南路——街道口片区的平均建筑高度要略高于光谷广场商圈附近的平均高度特征值，说明中南商圈附近的居住区的土地利用效率要高于光谷广场商圈，这是由于光谷广场商圈更靠近城市边缘。武汉市主城区平均高度趋势面同时还显示，南部的"鞍部"形态格局两端的平均高度相差不大，说明其坡度较缓，同时"鞍部"深色区域面积较小，说明其平均高度特征值下降较快。平均高度分布如图 3.29 所示。

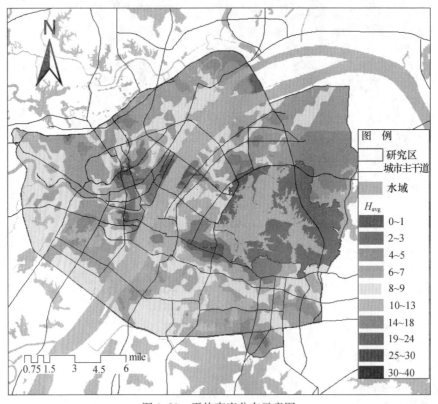

图 3.29　平均高度分布示意图

注：1mile＝1.61km。

2. 加权平均高度

加权平均高度（H_{wgt}）是区域住宅建筑的面积加权平均高度。加权平均高度

（H_{wgt}）趋势图表明，武汉市主城区加权平均高度主要呈多中心分布形态。其分布趋势与平均高度的空间形态类似，但是也有明显差异。加权平均高度向外围下降幅度比平均高度小，向外围的下降趋势更加平滑。首先，相对于平均高度（H_{avg}）趋势面而言，加权平均高度（H_{wgt}）趋势面各峰值区域（深色区域）的面积更大，由"峰顶"向外围梯度下降的范围更远，同时，武昌区的峰值区域（深色区域）还包含了楚河汉街住宅区和光谷广泛附近的住宅区，这是其空间形态中平均高度趋势面具有明显差异的地区。由此可以看出，未考虑住宅建筑基底面积的均值特征指标 H_{avg} 与利用建筑基底面积加权的均值特征指标 H_{wgt} 的空间分布形态的明显差异表明，武汉市主城区在汉口沿江地区、CBD和西北湖附近的居住区、武汉广场商圈周围的居住区，中北路环沙湖楚河汉街片区，以及沿武路路（中南路和光谷广场地段）两旁的居住区的住宅建筑基底面积呈现明显的多样性。

光谷广场和环沙湖的楚河汉街地区均为近年来所新兴的城市商业中心和中央文化区，在城市居住空间开发过程中，居住建筑设计具有明显的多元化特性，同时，这些地区的城市土地集约利用程度较高。加权平均高度（H_{wgt}）趋势图中 H_{wgt} 特征值较高的区域多集中在二环线以内，表明城市内部二环线内部土地利用效率明显高于武汉市其他地区。本书的 H_{wgt} 空间形态图表明汉口区域（长江以西，汉江以北）的地区为老城区，其土地利用效率要略低于新城区武昌区的中南—光谷地段的居住用地集约利用程度。加权平均高度分布如图 3.30 所示。

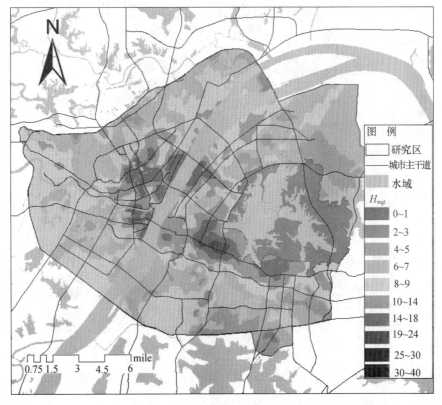

图 3.30　加权平均高度分布示意图

注：1mile＝1.61km。

3.6.3　容量特征分析

容量特征包括体量和容积率。

1. 体量

体量 V 能够直接反映居住空间的容量特征。虽然体量 V 与数量 $Count$ 都是运用核密度估计的方法来测度居住空间形态特征，但是两者也有本质的其别：$Count$ 表示一定范围内的住宅建筑的数量；V 是指一定范围内住宅建筑群的空间体积的总和，不仅受到住宅数量的影响，同时还受到建筑高度和建筑基底面积的影响，能够具体反映居住空间的三维空间特征。在城市规划中，建筑体量占据着重要的地位。建筑体量不仅与地块容积率息息相关，同时，还能够直接反映城市土地在三维空间的利用效率。在详细控制性规划中，建筑体量一般从建筑竖向尺度、建筑横向尺度和建筑形体等角度来规划相关控制指引与上限指标。本书利用基丁核密度函数估计的体量 V 来量化城市居住空间的三维形态。体量分布如图 3.31 所示。

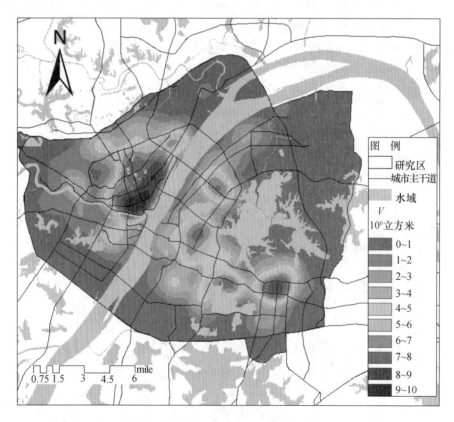

图 3.31　体量分布示意图

注：1mile=1.61km。

由体量 V 趋势面所呈现的空间形态为"一脉四峰"的三维形态。这种三维形态与 $Count$ 趋势面所表现的"一脉五峰"之间有明显的差异。最高值是"一脉"汉口片区；"第二峰值"则是鲁巷东部居住区的"光谷片区"；"第三峰值"则为洪山—楚河汉街的居住区。汉阳地区的 V 值相比较于其他区域更低，这是由于汉阳片区虽然住宅建筑数量较多，但是其建筑总面积相对其他峰值较低，表明汉阳片区的土地利用效率仍然不及其他武汉三镇中心和鲁巷广场副中心。特征值 V 的"第一峰值"和"第二峰值"的汉口片区和光谷片区在 Count 趋势面中显示不是最高峰值，表明这两个区域住宅建筑的空间密度虽然不是最高，但是其住宅建筑总面积之和最大，即其住宅建筑高度和建筑基底面积处于较高的水平。汉口片区和光谷片区的居住空间需求和居住人口集聚度要高于其他地区，导致这些地区的人口承载力和环境压力增大，在城市规划和居住空间设计工作中，要进一步加强这些地区的居住空间满意度和基础设施完备度的调查和改善。

2. 容积率

由图 3.32 可知，容积率（FAR）则主要是呈现"丘陵式"的点—面混合布局，各容积率值分段之间的区域差异较小，由高值下降到低值区域缓冲区域较大，下降趋势非常平滑。根据图中的容积率阈值和表征颜色的差异，可以明显地将容积率划分成 4 个阈值区域：第一区，FAR 大于 3.61，作为容积率的峰值区域；第二区，FAR 介于 2.12 与 3.61 之间；第三区，FAR 介于 1.44 与 2.12 之间；第四区域，FAR 小于 1.44，容积率最小，作为容积率的低谷区域。

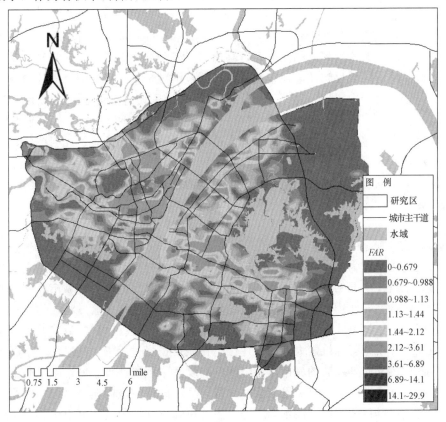

图 3.32　容积率分布示意图

注：1mile＝1.61km。

容积率 FAR 最高的区域（FAR>3.61），主要集聚在汉口区域，处于城市的区域中心内部，紧邻中央商务区和武汉广场商圈两个城市主中心。其他最高峰值区域（FAR>3.61）呈散点式分布，这些散点区域主要分布在主干道的紧邻区域，京汉大道硚口路地铁站附近、珞瑜路街道口地铁站附近、二环线与二七长江大桥的交会处。其次是 FAR 介于 2.12 与 3.61 之间的呈深黄色的区域，主要是集中在武汉三镇的汉口区域，由长江、汉江和二环线围合而成；在武昌区域，FAR 介于 2.12 与 3.61 之间的斑块宏观呈带状分布，沿珞瑜路和中北路，一直延伸到光谷。同时，容积率从最高峰值向外围是逐渐递减到最低值。

3.6.4　密度特征分析

密度特征包括数量密度和建筑密度。

1. 数量

数量（Count）表示一定区域内住宅的总栋数。本书计算 Count 时，利用核密度估计的方法，是在概率论中用来估计未知的密度函数，主要描述样本点数量的空间密度，侧面反映其空间集聚度。住宅的数量从一定程度上反映区域的住宅的建造强度和密度，不同区域的住宅数量的比较也可以反映区域对住宅的亲和度。核密度估计的方法的搜索半径为 2000m。

Count 三维空间趋势面显示，呈"一脉五峰"的空间形态。其中，"一脉"指汉口地区毗邻长江的一条连续隆起的高值区，高值区域连续范围较广；"五峰"指其他隆起的峰值区域。峰值区域反映住宅建筑数量在局部范围数量集聚度较强，即住宅建筑的空间排列格局较为密集。"最高峰值"位于徐东大街和欢乐大道交会处；"第二峰值"在长江以西汉江以北的"山脉"汉口地区；"第三峰"地处武汉中央文化区"楚河汉街"；其他峰值区域则主要包括 3 个，依次为汉阳大道汉阳火车站以南地段、光谷广场以东的居住区、环南湖紧邻雄楚大道地段。

根据 Count 的核密度估计图可知，住宅建筑在东湖旁的"最高峰处"集聚度最高，即反映了居住小区内部的住宅建筑个体之间邻近度较强，以获得东湖景观的可视条件，居住区具有典型的高层楼盘"东湖天下""东湖景园"等一系列邻湖高层小区。"第二峰"的汉口地区则是由于其地理区位处于老城区，区域内部的高层建筑集聚较强。汉阳地区峰值也是由于作为城市发展过程中的起源地区，而导致其建筑物之间的空间集聚度较高。而位于长江南部的峰值区域，如洪山广场—楚河汉街地段，在城市商业中心和城市文化中央区的共同作用下促使高层建筑的新建和集聚，使得此区域将成为高层建筑开发的重点区域，也将是武汉市主城区新兴高层集聚区的代表性区域。鲁巷城市副中心以东的居住区和环南湖紧邻雄楚大道的居住区是在城市扩张过程中，高层住宅不断集聚的局域，由城市内部向外发展的城市居住空间的高度集中地段。鲁巷城市副中心以东的高层住宅区具有代表性的小区有"巴黎豪庭"等。环南湖住宅区内典型高层小区则有"保利拉菲""保利蓝海郡""保利浅水湾"等。由此可知，湖泊景观和城市中心对直接影响一定范围内高层建筑的数量，反映高层住宅的空间集聚程度有显著作用。数量（Count）分布如图 3.33 所示。

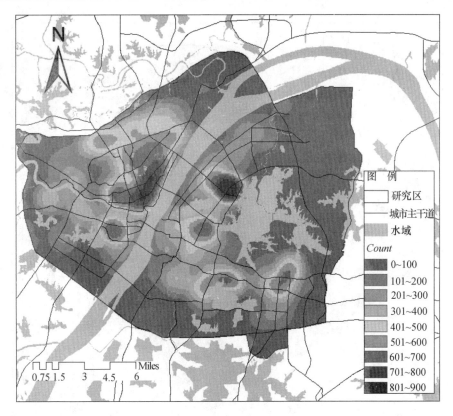

图 3.33 数量（*Count*）分布示意图

2. 建筑密度（BD）

由图 3.34 可知，从整体上来讲，建筑密度（BD）没有特别明显的集聚特征，主要是呈均匀分散分布，这是由于武汉市各区域之间居住用地建筑密度的规划上限差异较小。根据建筑密度的大小主要分为四个区域。第一峰值区域：BD＞0.4，建筑密度最高的集聚区域；第二区域，BD 介于 0.3 到 0.4 之间；第三区域，BD 介于 0.2 至 0.3 之间；第四区域，BD 小于 0.2。建筑密度的高值区域（BD＞0.4），呈现散点分布格局，主要是沿城市开敞空间。建筑密度的高值区域（BD＞0.4）的斑块主要分布在长江、汉江和东湖周围，同时，这些区域的空间分布更趋向于城市的区域中心，即一环线和二环线的区域。建筑密度的低值区域（BD＜0.2）主要围绕在城市外围，但是，中央商务区的建筑密度较小是因为中央商务区一直还在规划阶段，没有完全建成，因此现状的建筑密度和容积率等指标，在中央商务区所在的区域呈现低值特征。

3.6.5 起伏特征分析

起伏特征是反映城市立体形态的重要特征，是区别于城市二维平面投影的空间格局分析的典型指标。起伏特征可以反映区域的三维空间的高度起伏情况。

1. 起伏度

起伏度（*Amplitud*）是区域内居住建筑的最大高度与最小高度的差值，反映区域建筑群的高差特征。

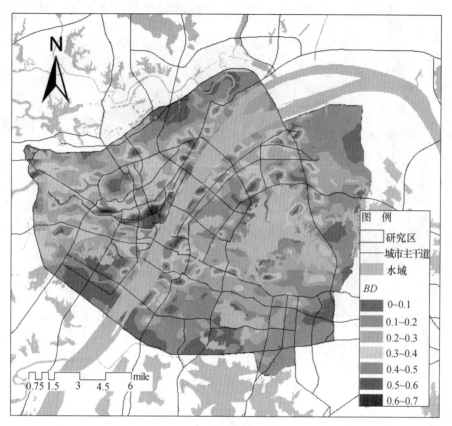

图 3.34　建筑密度分布示意图

注：1mile＝1.61km。

武汉市主城区起伏度（*Amplitud*）趋势面呈散点状分布的空间形态，峰值区域主要集中在湖泊和城市广场附近。长江以北主要呈点状分布，长江以南则呈块状分布，主要有三个明显的高值区域，即环沙湖区域、环南湖区域以及光谷广场商圈附近的珞瑜路和珞瑜东路交会区。汉口老城区的城市居住建筑的起伏度特征值较小，反映出居住空间的高度起伏程度较低，即较为平缓，且较高值的起伏度多成点状零散分布。武昌地区的环沙湖地区和环南湖地区，居住空间的起伏度特征值较大，表明其居住空间高度极值的差值（最大高度－最小高度）较大，且峰值区已经集聚成片；还有一个起伏度的峰值区域位于珞瑜路和珞瑜东路交会处，北面由喻家山、袁家山、许家山环绕。

汉口老城区内部的水域较少，作为老城区，其宗地斑块内部的最大高度和最小高度的高差较小。而环沙湖和南湖区域，由于湖泊水域的影响，居住空间为了获得水域景观的视线观测角度和方位，住宅高度的起伏度将会有明显的高低差异。光谷广场以东的地段靠近城市三环线，北面对山，受到山体景观的影响，住宅高度呈现明显起伏。由此可见，自然水域、山体和绿地周围的住宅建筑群通过调整高度的起伏来获得自然景观的可视域，表明城市内部的自然景观对居住建筑起伏度有着直接的影响。

城市地形的起伏状况也能直接影响住宅建筑的起伏度特征值的空间分异。地形的起伏一般用高程表示，高程是指某点沿铅垂线方向到绝对基面的距离。起伏度分布如图3.35所示。

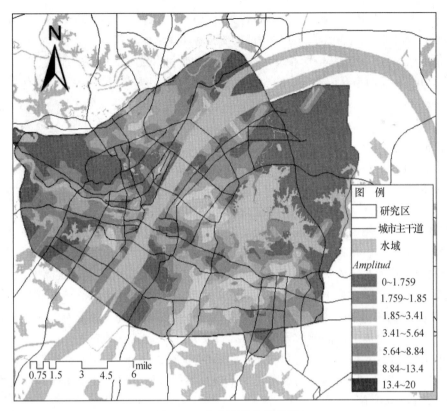

图 3.35　起伏度分布示意图
注：1mile=1.61km。

起伏度三维形态图与最大高度（H_{max}）、最小高度（H_{min}）、平均高度（H_{avg}）、加权平均高度（H_{wgt}）的三维形态图有着明显区别。起伏度三维形态图显示，汉口武汉天地片区、王家墩 CBD 外围片区、珞瑜路中南路——光谷广场地段，这些地段的起伏度特征值较小，与 H_{max}、H_{min}、H_{avg}、H_{wgt} 特征值较高的空间趋势恰恰相反。这说明在土地利用强度特别高的地段，其建筑物的起伏程度 Amplitud 反而不高，建筑物的高度特征更加相似。这些指标特征值的三维趋势面之间也有一定联系，例如，城市文化名城保护规划所划定的区域建筑高度也一直处于较低水平，H_{max}、H_{min}、H_{avg}、H_{wgt} 特征值的趋势面中显示这些规划保护区域处于低谷区，即其 H_{max}、H_{min}、H_{avg}、H_{wgt} 特征值较小，同样，住宅建筑的起伏度 Amplitud 特征值同样处于较低水平的低谷区。

2. 离散度

本书所指的离散度（Dispersion）是用区域建筑高度的标准差来评估的。标准差是方差的算术平方根。离散度（Dispersion）空间趋势图直接反映城市居住空间的局部空间内住宅的离散程度，评估各住宅样本之间的个体差异程度。

离散度（Dispersion）空间趋势图与起伏度（Amplitud）空间趋势图所展示的空间形态相类似，与最大高度（H_{max}）、最小高度（H_{min}）、平均高度（H_{avg}）、加权平均高度（H_{wgt}）的三维形态图有着明显区别。同样，极值特征和均值特征的峰值区域在起伏特征中反而为低谷区域，即这些区域 H_{max}、H_{min}、H_{avg}、H_{wgt} 特征值较高而 Dispersion 较小。

Dispersion 三维形态图显示，汉口武汉天地片区、王家墩 CBD 外围片区、珞瑜路中南路—光谷广场地段，这些地段的起伏特征的子指标 $Dispersion$ 较小，与 H_{max}、H_{min}、H_{avg}、H_{wgt} 特征值较高的空间趋势恰恰相反。这说明在土地利用强度特别高的地段，其片区建筑物的 $Dispersion$ 反而不高，建筑物的高度类型更加相似。同时，城市主干道两旁的居住建筑的 $Dispersion$ 较小，表明邻近城市主干道的住宅建筑之间的最大高度和最小高度的差异不明显，即这些 H_{max}、H_{min}、H_{avg}、H_{wgt} 特征值的峰值区域的建筑高度普遍较高，$Dispersion$ 特征值较低，从侧面也反映了居住建筑具有一定程度的空间自相关。

由图 3.36 可以看出，离散程度较高的峰值区域位于洪山广场与楚河汉街中央文化中心附近以及东湖开发区的光谷广场东部区域；还有起伏度较大的区域，环沙湖地区和环南湖地区。这些区域都是城市开发过程中，城市建设和改造力度都较大的区域。在城市化的向心力的作用下，城市内部土地集约节约利用程度不符合城市现状和城市发展的要求的区域将会进行城市开发和改造，提高土地利用强度。在这些峰值区域，例如东湖高薪开发区和楚河汉街中央文化区周围，城市居住建筑不断出现，建筑高度不断改变。在城市改造的过程中，原本的城市建筑高度、建筑排列形式和建筑类型不断被改变，新建建筑高度类型和原来的建筑高度类型交替共存，从而导致这些区域内部的建筑高度差异性极为明显，个体之间的离散程度较大，即 $Dispersion$ 特征值较大。由此可见，城市改造的时间和强度对城市居住空间内住宅建筑的离散度 $Dispersion$ 有显著影响，城市改造过程中，改造区于周边地区的新老建筑不断交替的过程导致居住空间内的住宅建筑的离散度 $Dispersion$ 不断提高。

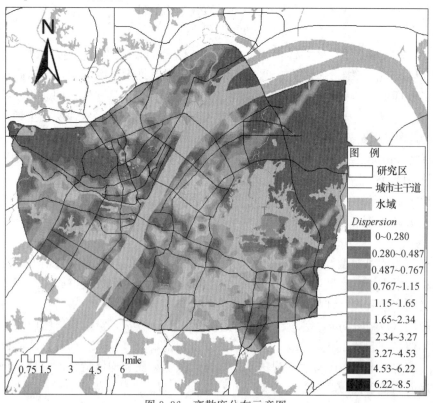

图 3.36　离散度分布示意图

注：1mile＝1.61km。

3.6.6 结构特征分析

集聚度（*GiZ*）运用热点分析方法衡量研究局部居住区建筑群的集聚和分散的程度，探索城市内部居住建筑群的热点区域和冷点区域。

本书中，热点分析可对住宅建筑群中的每一个建筑样本点 Getis-Ord Gi* 统计，计算其 *Z* 分值和 *P* 分值，利用 *Z* 分值探索不同高度的住宅建筑群的热点区和冷点区。图 3.31 中，高值点呈现显著的集聚特征。高值点（*Z*>2.56）则主要集聚汉口地区、洪山广场附近和光谷广场附近，形成三个典型的高值点簇，集聚规模最高。低值点（−1.95<*Z*<−1.65）则主要在城市二环线附近。低值点（*Z*<−2.57）则呈零散分布的状态，无明显的大范围集聚点簇形成，而且这些点簇一般环绕在最外围；同时，在长江与汉江交汇处的城市文化低谷区也呈现明显的低值点簇，这些点簇在城市景观控制规划和城市文化低谷区的控制规划的指引下表现出较强的低水平土地利用效率。由高值点与低值点的集聚分布特征可知，高值点簇通常被低值点簇所包围，同时，从高值点簇向外围扩展的方向，*Z* 分值呈梯度下降的趋势。热点分析样本点 Getis-Ord Gi* 统计如图 3.37 所示。

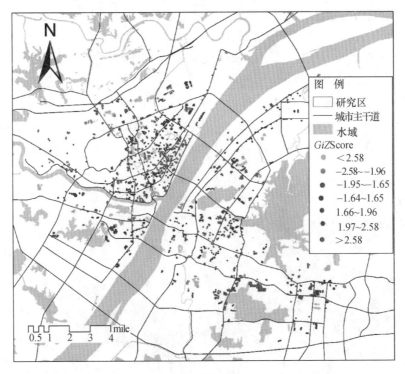

图 3.37 热点分析样本点 Getis-Ord Gi* 统计

注：1mile=1.61km。

根据不同 *Z* 分值的点群的集聚特征无法直观表达城市住宅在不同高度上的热点集聚区和冷点集聚区，因此，本书利用克里格插值的方法，对空间进行平滑。其中，距离阈值是根据空间增量自相关计算比较不同距离阈值下的 Moran's *I* 而得出的最佳距离间隔。

根据克里格插值进行的空间平滑，生成空间连续面，从三维空间的角度反映城市居住区住宅的高度集聚热点区和低值冷点区。根据建筑高度所生成的热点图和集聚特征三维形态图可知，集聚度（GiZ）的空间形态呈"群峰"形态，高值区域呈连片集聚。高值区域（$Z>1.9$）主要呈明显的垂江东西分布，即其东西连线方向与贯穿武汉主城区的长江相互垂直。主要连线区域：王家墩—循礼门—三阳路—武汉长江隧道—洪山广场—武珞路—珞瑜路。这一连线与武汉市新建的轨道交通二号线有明显的相关关系，而且东西方向所经过的地点位置也较为相似。这些热点区域被武汉市主城区交通主干道贯穿，对比武汉市主城区城市三环线区位图，可知这些高值（$Z>1.9$）热点区域主要集中在城市一环线附近，也位于城市总体规划中所划定的城市中央活动区的城市主中心区域。相反，冷点区则主要分布在这些高值区外围，靠近城市主城区边缘地区。

峰值热点区（$Z>7.84$）显示，武汉市在未来的城市发展中，洪山广场—楚河汉街（武汉中央文化区）地段将是武汉市居住区的重点发展区域。最高值热点区（$Z>7.84$）最高的是洪山广场—楚河汉街地段，可见在武汉中央文化区以及其周边的居住区的住宅建筑群，呈现高度集聚特征。这种集聚特征显示，这个局部热点区域的住宅建筑不仅在空间距离上呈现高度聚合特征，其建筑高度也普遍较高。最高值热点区（$Z>7.84$）高水平的高度特征和邻近特征充分体现了此区域居住用地的土地利用程度处于极高的水平，如此高的集聚度也显示武汉市在未来的城市发展中洪山广场—武汉中央文化区地段将是武汉市居住区的重点发展区域。同时，在城市二环线以外的鲁巷城市副中心区域，其 Z 分值范围是 1.06～4.23，说明此副中心的居住开发潜力较大，是城市居住区的潜在集聚区。热点分析分区如图 3.38 所示。

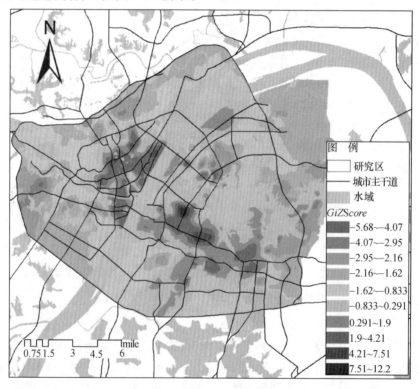

图 3.38 热点分析分区图

注：1mile＝1.61km。

3.6.7　基于宗地尺度的居住空间分异特征分析

分析不同尺度的空间分异特征，空间尺度包括：行政区分区、环线分区、象限分区、宗地单元分区。特征值指标可以具体评估不同行政区、不同环线分区和不同方向性分区的空间分异特征。重点分析基于宗地单元尺度的居住空间的极值特征、均值特征、起伏特征、容量特征、密度特征和结构特征。

综上所述，基于宗地尺度的居住空间分异特征分析的主要结论如下。

武汉市主城区的最大高度（H_{max}）的空间形态中峰值区域（26.6～47）主要呈现较强的集聚格局，呈"多峰式"多中心跳跃式分布格局，同时，最大高度的下降趋势是由峰值区域中心"峰顶"呈圈层向外围随距离衰减扩散。最小高度（H_{min}）的空间形态呈东西向变化，峰值区域主要沿地铁二号线（王家墩东—循礼门—中南路—街道口—光谷）呈"鞍部"式带状分布。

平均高度（H_{avg}）趋势图显示，武汉市主城区的居住区空间形态的平均高度特征的变化呈"多鞍部"的带状分布形态，在长江北部主要沿长江呈南北向带状分布，而在长江南部的武昌区域则呈东西向的垂江分布。加权平均高度（H_{wgt}）分布趋势与平均高度的空间形态类似，但是加权平均高度向外围下降幅度比平均高度小，向外围的下降趋势更加平滑。

起伏特征的三维形态图与其他空间特征的形态图存在明显的差异。极值特征和均值特征的峰值区域在起伏特征中反而为低谷区域，即这些区域 H_{max}、H_{min}、H_{avg}、H_{wgt} 特征值较高而 $Dispersion$ 较小。武汉市主城区起伏度（$Amplitud$）和离散度（$Dispersion$）趋势面呈散点状分布的空间形态，峰值区域主要集中在湖泊和城市广场附近。

体量（V）趋势面所呈现的空间形态为"一脉四峰"的空间格局，即长江南部为"一脉"的峰值山脉，长江南部的"四峰"呈多中心的跳跃式发展格局。容积率（FAR）则主要是呈现"丘陵式"的点—面混合布局，各容积率值分段之间的区域差异较小，由高值下降到低值区域缓冲区域较大，下降趋势非常平滑。

数量特征（$Count$）三维空间趋势面显示，呈"一脉五峰"的空间形态，主要的高值区域紧邻长江和湖泊等开敞空间。建筑密度（BD）没有特别明显的集聚特征，主要是呈均匀分散分布，这是由于武汉市各区域之间居住用地建筑密度的规划上限差异较小。

结构特征运用集聚度（GiZ）表达武汉市主城区的居住空间形态，主要呈"群峰"形态。高值区域呈连片集聚方向、呈垂江东西向连线分布。高值区域（$Z>1.9$）主要呈东西连线方向，与贯穿武汉主城区的长江相互垂直。主要连线区域：王家墩—循礼门—三阳路—武汉长江隧道—洪山广场—武珞路—珞瑜路。

3.7　基于不同影响因子的居住空间分异特征分析

本节主要运用缓冲区分析法，制定不同影响因子的缓冲区，然后基于这些影响因子的外部影响作用刻画居住空间分异特征。在运用空间特征指标探索居住空间分异特征时，不同类别的指标之间具有最小的相似性和明显的差异性，而相同类别内部的特征值指标之间具有最大的相似性和最小的差异性，这种空间特征也可作为指标体系降维的依据。因此，根据主成分分析与相关分析，提取每个特征指标中的相应的空间指标，分析影响因子引起的居住空间分异特征。本书主要分析居住空间的容积率、建筑密度、平均高度和离散度在影响因子的外部作用下的空间分异规律。影响因子如图 3.39～图 3.42 所示。

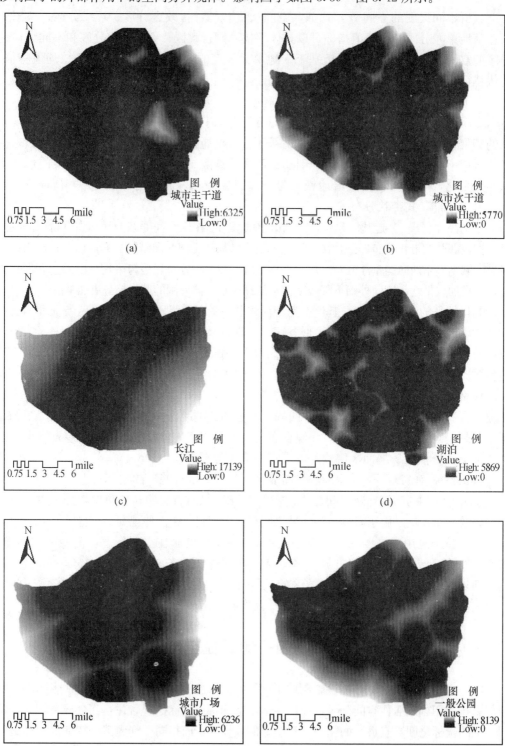

图 3.39 影响因子示意图（一）

注：1mile=1.61km。

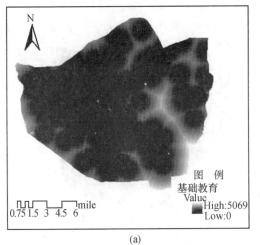

(a)

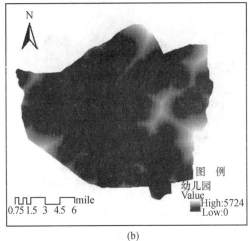

(b)

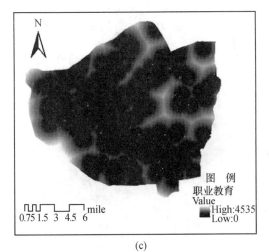

(c)

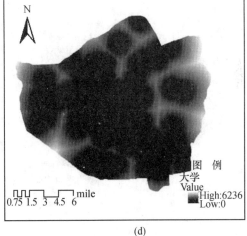

(d)

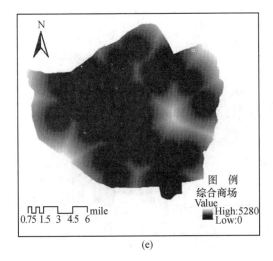

(e)

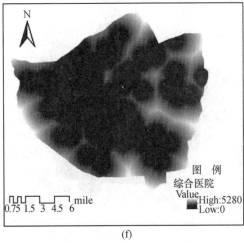

(f)

图 3.40　影响因子示意图（二）

注：1mile＝1.61km。

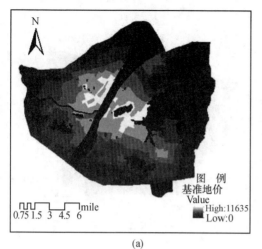

(a)

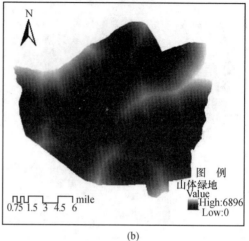

(b)

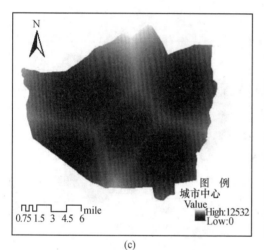

(c)

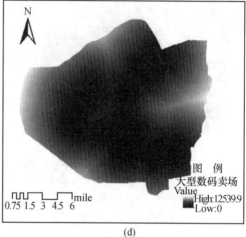

(d)

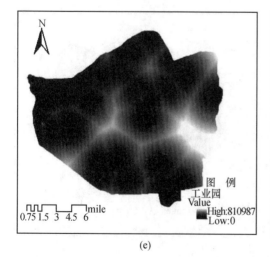

(e)

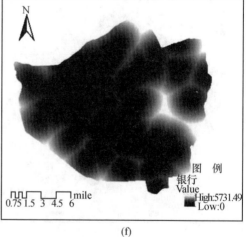

(f)

图 3.41 影响因子示意图（三）

注：1mile＝1.61km。

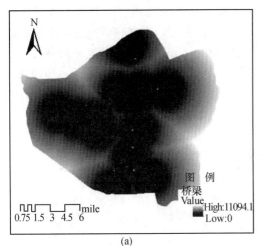

(a)

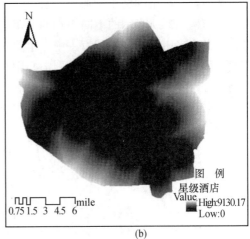

(b)

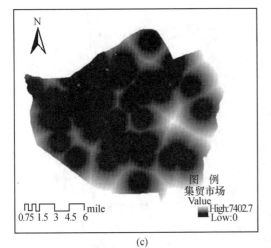

(c)

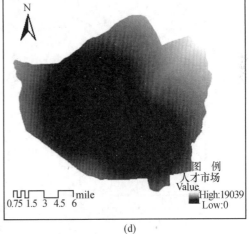

(d)

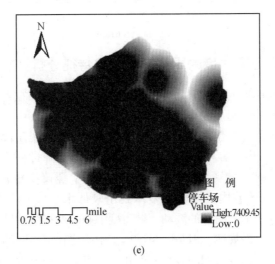

(e)

图 3.42　影响因子示意图（四）

注：1mile＝1.61km。

其中，武汉市的城市中心主要参考《武汉市城市总体规划 2006—2020》中《主城区规划结构图》所表示的不同级别的城市中心分布图。因此，本书在研究过程中将城市中心定义为多中心结构，城市主中心主要在区域中心内，分布在王家墩中央商务区、武广片区和中南—洪山片区；城市副中心则是城市总体规划划定的鲁巷、杨春湖和四新城市副中心。除基准地价是根据地价数值制作示意图以外，其他变量的示意图的外部作用都是根据欧式距离制作缓冲区。城市多中心结构如图 3.43 所示。

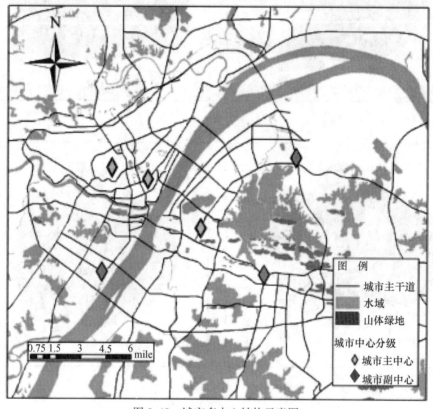

图 3.43　城市多中心结构示意图

注：1mile＝1.61km。

3.7.1　基于城市中心可达度的居住空间分异特征分析

随着距离城市中心距离的增加，居住区容积率呈梯度下降。在不同的距离缓冲区，居住区的容积率的变化趋势有明显的差异，同时，不同类型的城市中心外围的容积率的变化也不同。城市主中心外围的居住区容积率下降梯度主要分为三个阶段：阶段一，距离城市主中心 0～1500m 的区域内，容积率整体处于较高水平，下降过程非常缓慢；阶段二，距离城市主中心 1500～3500m 的区域内，容积率迅速下降，下降率较大；阶段三，距离城市主中心 3500～5000m 的区域内，容积率整体处于较低水平，下降程度非常缓慢，超出 5000m 之后的区域内容积率无明显的波动。城市副中心的外围缓冲区的容积率的变化趋势也具有明显的阶段梯度下降规律，但是，与城市主中心比较，不同的阶段的距离阈值有明显的差异。城市主中心可达度影响的容积率变化的拐点距离阈值为 1500m 和 3500m，而城市副中心影响下的拐点距离阈值为 1000m 和 3000m；比较容积率下降到最小值的距离阈值，在容积率最小时到城市主中心的距离到大于到城市副中心的距离。由此可见，城市副中心的可达度所引起的容积率的变化范围要小于城市主中心的可达度的影响范围；同时，在距离城市主中心和副中心 3500m 的区域，不同类型的城市中心对容积率的影响力的差异非常明显，受到城市主中心外围的容积率较高影响，其下降范围更广。

　　城市中心的可达性影响下的建筑密度的变化趋势呈"n"形曲线。随着与城市主中心和城市副中心的距离的增加，建筑密度受到城市副中心的影响时更早到达最大值，也更早到达最小值。这表明城市副中心所引起的建筑密度明显波动的距离范围相比于城市主中心更小。城市中心的可达性影响下的建筑高度的变化趋势则呈梯度下降曲线。相同距离的缓冲区，城市主中心外围的平均建筑高度要明显高于城市副中心外围的平均建筑高度。

　　城市中心的可达性影响下的建筑高度标准差的变化趋势呈"n 形曲线"。受到城市中心的影响，建筑高度标准差的变化呈先增加后减少的趋势。这表明居住建筑在高度上的多样性先增加后减少。在距离城市中心最近的区域，居住建筑高度均较高，多为高层建筑，局部的建筑高度变异程度较小；距离城市中心最远的区域，居住建筑均为低层住宅，局部的建筑高度变异程度较小；在距离城市中心 2000～3000m 的区域，建筑高度标准差较大，说明区域内部住宅的建筑高度个体间的差异较大，这是由于这些居住区内低层住宅、多层住宅和高层住宅的混合程度较大。基于城市中心的可达度的居住空间分异特征如图 3.44 所示。

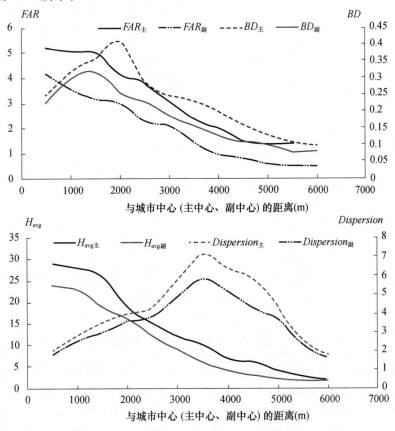

图 3.44　基于城市中心的可达度的居住空间分异特征

3.7.2 基于基础教育可达度的居住空间分异特征分析

基础教育设施的可达性对居住空间分异的影响主要是由就学方式来决定的。城市教育设施布局对居住空间分异特征有着显著的作用。在武汉市，就读中学、小学和幼儿园主要依据就近原则；基础教育设施内部一般不配备大量的学生宿舍，这与高等教育设施有着明显的差异。因此，距离城市教育设施的距离显著影响城市居住空间开发的选址。居民偏好于居住在学校附近以获得更好受教育的便利条件，同时，更优质的基础教育设施可达度更易引起高强度的居住空间集聚。与基础设施的距离是受教育的便捷度的直接评估方式。良好的教育可达度、教学质量能够提高居住满意度，吸引高层高密度的房地产开发项目，从而促进居住空间利用效率处于较高水平。基于基础教育设施的可达度的居住空间分异特征如图3.45所示。

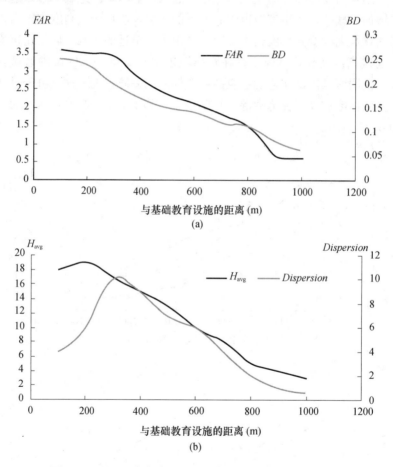

图 3.45 基于基础教育设施的可达度的居住空间分异特征

距基础教育设施200m的范围内，随着与基础教育设施的距离的增加，容积率和平均建筑高度、建筑高度标准差的变化幅度较小，总体呈下降趋势；在0～200m的范围内，建筑密度逐渐增加。距基础教育设施200～900m的范围内，随着与基础教育设施的距离的增加，居住区的建筑密度、容积率和平均建筑高度、建筑高度标准差呈梯度下降趋势，其下降速度较快。

3.7.3 基于基准地价的居住空间分异特征分析

城市地价是城市开发的主要成本，是城市房价的土地成本。土地价格是土地权利和预期收益的购买价格。基准地价不是具体的收费标准。土地使用权出让、转让、出租、抵押等宗地价格，是以基准地价为基础，根据土地使用年限、地块大小、形状、容积率、微观区位等因子，通过系统修正进行综合评估而确定。基准地价的主要贡献表现在反映土地市场中地价总体水平和变化趋势；基准地价还可以为国家征收土地税收提供依据。基准地价是影响容积率和建筑高度的显著性因子。

当区域的基准地价是 11635 元/m² 时，容积率是 4.8，为最高值；建筑密度是 22%，不是最大值；平均建筑高度为 29 层，为最高平均高度；高度标准差为 0.8，住宅高度变异程度较小；基准地价的最小值为 1634 元/m²，在最低水平的基准地价的居住用地上，容积率、建筑密度、建筑高度、高度标准差都是最小值。随着基准地价由 1634 元/m² 增加到 7871 元/m²，容积率、建筑密度、建筑高度、高度标准差指标特征值均持续增长，建筑密度和高度标准差在住宅基准地价 7871 元/m² 达到峰值。当基准地价由 7871 元/m² 增长到 11635 元/m² 时，容积率和平均建筑高度继续增长，而建筑密度和高度标准差反而随之下降。

基准地价越高，则容积率越高，平均建筑高度越高；随着基准地价的增加，容积率和建筑高度逐渐上升，建筑密度则是呈先增加后下降的趋势。基于基准地价因子的居住空间分异特征如图 3.46 所示。

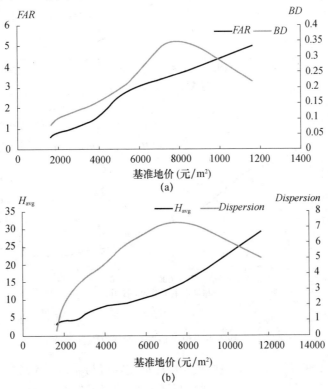

图 3.46 基于基准地价因子的居住空间分异特征

3.7.4 基于主干道可达度的居住空间分异特征分析

城市主干道基本能够覆盖城市主城区范围，在城市中心区域城市主干道较为密集，在城市边缘则较为稀疏，城市主干道是城市居民出行的主要交通设施。城市主干道是评估城市居民交通便利度的主要设施，主干道可达性则可以直观表现居民的出行便利程度。城市主干道的可达度能够直接影响居住区的开发程度和居住用地的利用效率。

沿城市主干道居住建筑的聚集度较大，城市居住空间的利用效率也要远远高于城市主干道 600m 以外的区域。距城市主干道 900m 的范围内，随着距离城市主干道的可达性不断降低，容积率和建筑高度呈梯度下降的趋势，下降速度较快；但是，随着距主干道的距离的增加，建筑密度呈先增加后减少的"倒 U"形曲线，建筑密度在 300m 的位置达到最大。城市主干道两旁的居住用地地块主要是呈带状分布，这类居住用地的纵横比数值较大，居住建筑也主要呈带状分布；距离主干道越近，居住建筑的平均建筑高度越高，高层住宅趋向于集聚在城市主干道两旁以获得更高的交通便利度。基于主干道可达度的居住空间分异特征如图 3.47 所示。

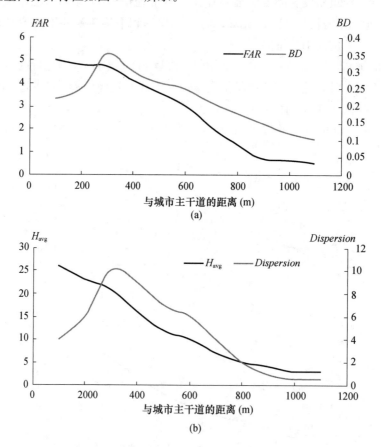

图 3.47 基于主干道可达度的居住空间分异特征

表征建筑高度变异程度的空间指数高度标准差随着与城市主干道的距离的增加而呈现梯度增加的趋势，即为"n"形曲线。与城市主干道距离在 0～300m 的范围内，建筑高度的变异程度不断增加，平均建筑高度和容积率缓步下降；距主干道 300m 处，建筑高度变异程度最大；距主干道 300～900m 的缓冲区内，建筑高度的变异程度随着与主干道距离的增加呈梯度下降，平均建筑高度和容积率迅速下降。随着城市主干道可达性的下降，建筑高度的个体差异性不断增加，这表明距城市主干道越近，居住空间开发基本都是高层住宅开发；随着距离的增加，居住区内部的居住建筑高度之间的差异性越来越大，居住建筑高度类型的多样性不断增加，这种区域内部更易发生低层、多层和高层住宅混合建造的房地产开发。

总之，随着距城市主干道距离的增加，建筑平均高度和容积率呈梯度下降，而建筑密度和高度标准差则呈先增加后减少的"n"形曲线。

3.7.5　基于人口密度的居住空间分异特征分析

随着人口密度的增长，容积率和建筑高度呈梯度下降的趋势；建筑密度和高度标准差先增加后减少，呈"n 形曲线"的变化趋势。人口密度最大时，单位面积的常住人口数量最大，住宅数量也最大，即容积率最高；但是，在人口密度最大的区域建筑密度为 22%，不是最大值；在人口密度最高的区域，住宅平均建筑高度最大。当人口密度在 15 万～29 万人/km^2，随着人口密度的增加，容积率和建筑高度增加到最大值，建筑密度随之降低，而高度标准差基本不变。这表明，人口密度在 15 万人/km^2 以上的区域，其居住空间的需求量和土地数量的限制性导致居住空间在垂直维度的空间利用强度高于水平维度的土地利用强度，容积率的增长主要体现在建筑高度的迅速增加。

当人口密度由 0 增加到 15 万人/km^2，容积率、建筑高度、建筑密度和高度标准差均呈上升趋势；容积率的大幅增长是建筑密度和建筑高度快速增长共同作用的结果。当人口密度处于最高水平或者最低水平时，高度标准差值较小，表明住宅建筑在人口密度非常高时居住区内住宅建筑多为高层住宅，在人口密度非常低时居住区内住宅建筑多为低层住宅；人口密度的数值在 15 万人/km^2 左右时，区域内的住宅建筑高度标准差最大，表明此区域内住宅建筑个体的高度类型的多样性最大，区域房地产开发方式为多层和高层住宅混合建造的模式。基于人口密度因子的居住空间分异特征如图 3.48 所示。

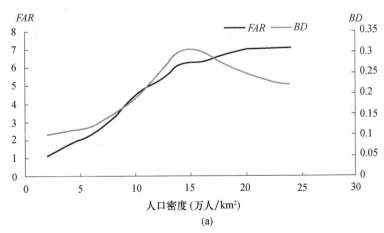

(a)

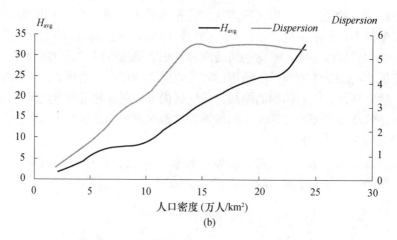

图 3.48 基于人口密度因子的居住空间分异特征

3.7.6 基于开敞空间可达度的居住空间分异特征分析

1. 基于长江可达度的居住空间分异特征分析

长江是武汉市城市景观构成的主要自然要素。长江的可达性显著影响容积率和住宅建筑高度。随着与长江距离的增加，容积率、建筑高度、建筑密度和高度标准差的变化趋势均为 "n" 形曲线，即先增加后减少。但是，各指标值的峰值点和不同的距离范围之内的指标变化幅度具有明显的差异。

距长江 0~600m 的范围以内，容积率和建筑高度迅速上升，增长幅度较快；在与长江距离为 600m 的缓冲区内，建筑密度和高度标准差的增长速度缓慢。距长江 600~1200m 的缓冲区域，当长江的可达性逐渐降低时，容积率下降，建筑高度下降，建筑密度和高度标准差的数值反而逐渐上升；各指标在 600~1200m 的缓冲区内的变化表明，在此区域内垂直维度的空间利用强度不断降低，而水平维度的居住空间扩张不断增长，即居住空间利用方向由垂直维度扩张转向水平维度扩张。在距长江 1200~6000m 的区域内，各指标均呈现梯度下降的趋势。基于长江可达度的居住空间分异特征如图 3.49 所示。

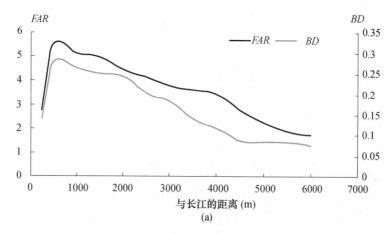

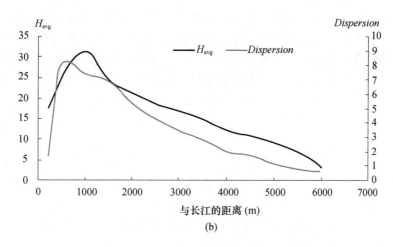

(b)

图 3.49　基于长江可达度的居住空间分异特征

　　由于长江横跨武汉市的中心区域，对居住空间有很显著的集聚效应，而这种集聚效应体现在不同维度的空间利用强度，有的区域偏重于垂直维度的居住空间利用，而有的区域偏重于水平维度的居住空间利用。建筑高度和容积率的峰值点出现在距长江 600m 的缓冲区处，而建筑高度和建筑密度的峰值点出现在距长江 1200m 处。城市中央绿谷区位于长江和汉江的交界处。沿江视线控制和景观控制要求长江紧邻长江的区域的建筑高度最低，随着与长江的距离的增加而先增加后减少。以每 100m 做缓冲区分析，发现随着长江的距离的增加，前 300m 的缓冲区的建筑高度和容积率增加幅度较小，300～600m 的缓冲区范围内，建筑高度和容积率的增长幅度较大。这是由于距长江 0～300m 的缓冲区内，有很多大型的沿江公园、江滩绿地等开敞空间，同时，在紧邻长江的区域，还有部分区域属于历史文化名城保护区域和中央绿谷区域，这些地区的居住空间的容积率、建筑密度和建筑高度均受到限制，住宅建筑个体均为低层住宅，建筑个体间的差异很小。在 300～600m 的缓冲区范围内，城市景观规划的限制作用较小，长江作为景观开敞空间的吸引力起主导作用，促进居住空间的需求和供给量的增加，容积率、建筑高度、建筑密度不断增加，且增长幅度较快。而在距长江 600m 以外，居住空间的容积率和建筑高度呈梯度下降的趋势，这是由于长江的景观吸引力随着与长江距离的增加而不断下降。

　　2. 基于湖泊可达度的居住空间分异特征分析

　　湖泊是城市自然开敞空间的重要组成部分，也是城市自然生态系统的重要水资源。湖泊能够为居住空间提供良好的景观功能，对地价、房价都有显著的积极影响。在城市内部，作为生态要素的城市湖泊能够直接影响其周边居住用地的利用强度。

　　随着与湖泊距离的增加，容积率、平均建筑高度、建筑密度和建筑高度标准差呈梯度下降的趋势。在距湖泊 0～400m 的范围内，随着与湖泊距离的增加，容积率、建筑密度、建筑高度和高度标准差逐渐下降，但是下降幅度较小；距湖泊 400～2000m 的区域，随着与湖泊距离的增加，容积率、建筑密度、建筑高度和高度标准差的下降速度较快；距湖泊 2000m 以外的居住区，4 个指标值都下降到最低水平，基本无波动。

　　在邻近湖泊的区域，如武汉市湖泊周围 400m 以内的居住区通常被开发为"湖景房"小区，这类居住区的容积率、平均建筑高度、建筑密度和建筑高度标准差指数均处于较高水平。这表明，邻近湖泊的居住区范围内，居住空间利用在垂直维度和水平维度的利用强度均较高，是高层高密度居住区，住宅建筑的多样性程度较高，与城市中心的可达度的差异造成的居住空间分异现象有着明显的区别。随着城市中心的可达性逐渐降低，容积率和平均建筑高度逐渐下降，而建筑密度和建筑高度标准差的变化趋势则呈"n"形曲线。当湖泊的可达性较高时，虽然容积率较高，但是这个区域内的建筑密度、平均建筑高度也处于较高的水平。

近湖区域的居住建筑紧密围绕在湖泊周围，依据不同的朝向和不同的排列方式，采用多层和高层混合建造的开发模式。这种混合开发模式，不仅能够保证住宅建筑的湖泊景观可视性，同时还能最大限度地提高居住空间的利用强度。这种高强度的居住空间利用不仅体现在二维平面投影的建筑密度较高，同时也体现在平均建筑高度较高。湖泊一般呈面装多边形，类似椭圆形，湖泊周围的住宅建筑围绕湖泊紧密分布。基于湖泊可达度的居住空间分异特征如图3.50所示。

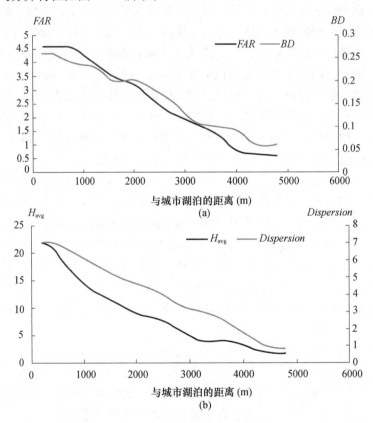

图 3.50　基于湖泊可达度的居住空间分异特征

3. 基于城市广场可达度的居住空间分异特征分析

随着距城市广场的距离的增加，容积率、建筑高度、平均高度和高度标准差均呈现梯度下降的趋势；不同的距离阈值内的各指标的下降程度具有明显差异，0～800m 的距离范围内下降速度较缓而 800～4000m 的距离范围内迅速下降。距城市广场 800m 的范围以内，武汉市居住空间的容积率、建筑高度、平均高度和高度标准差均处于较高水平。以 200m 的距离阈值进行缓冲区分析，距城市广场 0～800m 的缓冲区范围内，随城市广场可达性的降低，容积率、建筑高度、平均高度和高度标准差均呈现梯度下降的趋势，下降幅度较小，这表明邻近城市广场的区域，容积率和平均建筑高度都很高，整体居住空间的集聚程度较高。在距城市广场 800～4000m 的缓冲区范围内，随着与城市广场的距离的增加，容积率、建筑高度、平均高度和高度标准差均呈现梯度下降的趋势。

与其他开敞空间的外部作用力下形成的居住空间形态不同，在城市广场 0～800m 的缓冲区范围内的建筑密度和高度标准差仍然较高。在城市广场的 800m 内的邻近区域，居住空间在水平维度的建筑密度很高，这是由于城市广场这类大型的开敞空间为周边的居住区提供了良好的居住环境和景观功能，提高了居住区容积率和建筑密度。但是，在这类开敞空间的邻近区域内的建筑高度标准差也较高，说明住宅建筑的高度类型多样性较强，居住区住宅建筑的多层和高层混合程度较高。这是由于在城市广场周围，居住建筑的排列方式受到景观视线控制和景观偏好的影响，其邻近区域的居住空间利用程度较高，低层、多层建筑和高层建筑相间排列，因此，在此区域内住宅建筑的高度类型多样化程度较高。基于城市广场可达度的居住空间分异特征如图 3.51 所示。

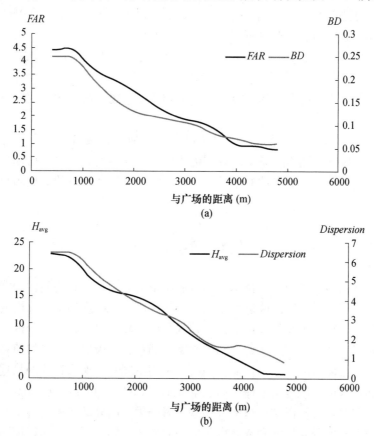

图 3.51　基于城市广场可达度的居住空间分异特征

3.7.7　基于不同影响因子的居住空间分异特征分析

综上所述，基于不同影响因子的居住空间分异特征分析的主要结论如下。

随着城市中心可达度的下降，容积率和平均高度逐渐下降；建筑密度的空间变化呈"n"形曲线，先迅速增加后减少，拐点为距城市主中心 3800m 和距城市副中心 3500m；建筑高度标准差的空间变化呈"n"形曲线，先缓慢增加后减少，拐点为距城市主中心 2000m 和距城市副中心 1500m。

随着基础教育设施可达度的下降，容积率、平均高度、建筑密度呈逐渐下降的趋势；高度标准差的空间变化呈"n 形曲线"，先迅速增加后减少，拐点为距基础教育设施 3500m。

随着基准地价的增加，容积和平均高度逐渐增加；建筑密度和高度标准差呈"n 形曲线"，先缓慢增加后减少，拐点均为 8000 元/m²。

随着城市主干道可达性的下降，容积率和平均高度逐渐下降；建筑密度和高度标准差呈"n 形曲线"，先迅速增加后减少，拐点均为距城市主干道 300m。

随着人口密度的增加，容积率和平均高度逐渐增加；建筑密度的空间变化趋势呈"n"形曲线，先缓慢增加后减少，拐点为 15 万人/km²；高度标准差则先增加到一定数值后区域平缓，拐点为 15 万人/km²。

随着长江可达度的下降，容积率、平均高度、建筑密度和高度标准差的空间变化趋势均呈"n 形曲线"，拐点分别为距长江 600m、600m、600m、1200m。

随着湖泊可达度的下降，容积率、平均高度、建筑密度和高度标准差均呈现梯度下降的趋势。

随着城市广场可达度的下降，容积率、平均高度、建筑密度和高度标准差均呈现梯度下降的趋势。

城市中心可达度、基础教育设施可达度、基准地价、城市主干道可达度、人口密度、开敞空间（长江、湖泊、城市广场）可达度的变化能引起特征值指标显著的空间变异；在其他影响因子的外部影响的作用下，居住空间分异特征值的变化趋势表现为无规律的波动曲线。

3.8　本章小结

本书综合运用多种空间分析技术，结合应用空间分析技术和空间回归模拟方法，同时，对这些方法进行了一定的改进和创新。从多尺度、多维度的空间分析的角度进行居住空间分异特征分析，空间尺度包括：行政区分区、环线分区、象限分区、和宗地单元分区。运用空间特征指标描述居住空间的六类空间形态：极值特征、均值特征、起伏特征、容量特征、密度特征和结构特征，同时，利用不同三维地形特征的描述方式、合适的计算方法和趋势面插值方法来评估居住空间形态。在运用空间分析技术刻画空间形态时，不仅仅选取多类特征值空间指标，还基于影响因子的外部作用进行空间分异特征分析。将指标与形态的分异特征和空间变化准确对应，绘制不同的空间特征随影响因子的差异而造成的空间变化曲线，形象地刻画居住空间在微观角度所呈现出来的空间分异特征，从多尺度、多维度完整地刻画了居住空间分异规律。

4 城市居住空间形态变化与影响因子分析

4.1 城市居住空间形态变化分析

4.1.1 武汉市居住建筑时空变化特征分析

由图 4.1 可知,根据 2006—2012 年《武汉市地理信息蓝皮书》可知,从 2006 年到 2011 年间,不同高度类型的城市建筑的增减趋势是不同的。低层建筑(1~3 层)和多层建筑(4~9 层)的城市建筑物的数量在总体上呈现先增加后减少的趋势,即:2006 年至 2010 年,两者的建筑栋数总体增加;2010 年以后,相关建筑数量明显减少。而高层建筑(10 层以上)从 2006 年以后,则呈现明显的增长趋势。对比不同高度类型的高层建筑的增长趋势,10~13 层的高层建筑数量最大,平均增长速度较缓;25~30 层的高层建筑以及 31 层以上的高层建筑的数量最小,但是其平均增长速度最快。由图中可知,从 2010 年到 2011 年,10 层以上的高度类型的高层建筑中,14~24 层、25~30 层、31 层以上的高层建筑类型呈现明显的增长趋势,且增长幅度较大,这表明 2010 年以后城市主城区域新增的高层建筑物的建筑高度也在不断增加。

不同的高度类型的变化在不同的行政分区也呈现明显的差异。由图中可知,随着时间的变化,2006—2011 年,不同行政区的建筑数量的比例是类似的,没有发生明显的变化。到 2011 年,总体上,不同高度类型所占的比例,洪山区最多,武昌区、江岸区和江汉区次之,青山区最少。对于 10 层以上的高层建筑而言,洪山区、武昌区、江岸区和江汉区的数量要远远高于其他行政区的数量;2006—2011 年间,这 4 个行政区域内部 10 层以上的高层建筑的变化趋势非常突出,呈现出明显的增幅,要远远高于其他行政区的高层建筑增长幅度。

由此可见,上述图表和分析能够具体表达不同高度类型的城市建筑的时空演变趋势。总体来讲,2006—2011 年,武汉市新增的城市建筑以 10 层以上的高层建筑为主,低层建筑则总体下降,14~24 层、25~30 层、31 层以上的高层建筑类型呈现明显的增长趋势,且增长幅度较大,这表明高层建筑将是新增建筑的主要类型,同时新增建筑的高度也会逐渐增长;洪山区、武昌区、江岸区和江汉区的 10 层以上的高层建筑类型的增长幅度要远远高于其他行政区,表明这 4 个行政区域将是高层建筑增长的主要区域。

因此,对于城市居住空间的时空变化研究中,新增住宅建筑类型主要是高层住宅。本章重点分析高层住宅的空间分布规律,以此探索居住空间形态的时空变化规律。

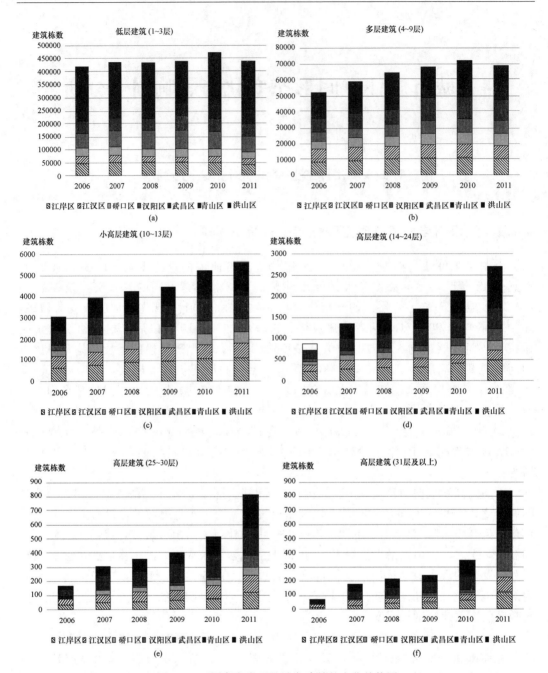

图 4.1　不同高度类型的城市建筑的变化趋势图

4.1.2　基于空间模型（GFM-Autologistic Model）的居住空间形态变化分析

本书主要运用改进的空间模型（GFM-Autologistic Model），探索居住空间形态的变化规律，筛选显著性影响因素。空间模型（GFM-Autologistic Model）的主要特征参见 2.2.2 小节。

城市居住空间变化与影响因子分析如图 4.2 所示。

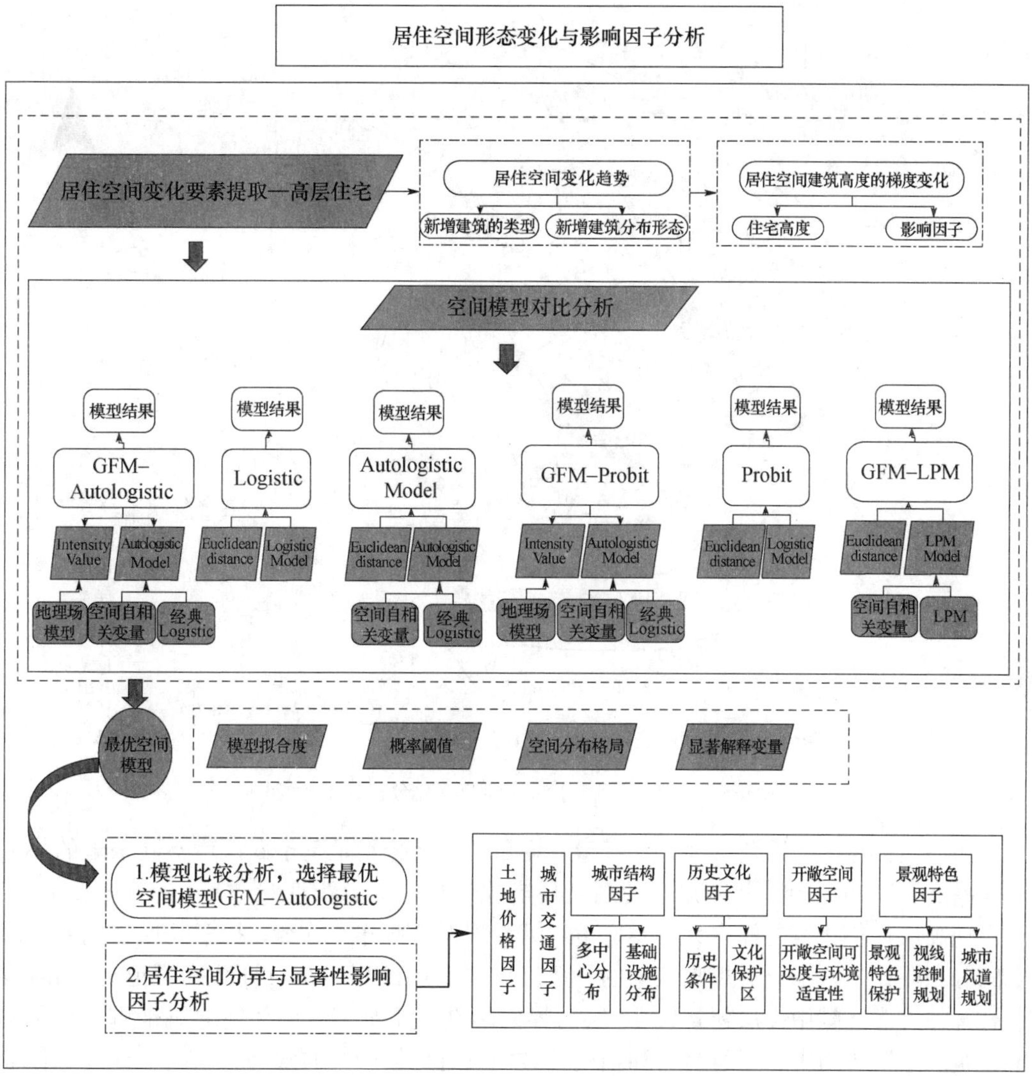

图 4.2　城市居住空间变化与影响因子分析

4.2　居住空间变化与特征分析

4.2.1　基于地理场模型的影响因子外部效应评估

　　本书的研究对象为武汉市主城区，如图 4.3 所示。

　　根据 2006 年和 2010 年的地籍现状调查数据的对比，发现 2006—2010 年之间居住用地上的居住建筑发生变化的区域，提取发生变化的居住建筑。实地调查结果表明，主城区内新增住宅多为高层建筑，而消失的建筑基本为低层住宅。同时，本书选取的解释变量是基于对 2010 年土地利用现状图和基础设施分布状况的实地调查。选取的解释变量也与城市发展规划部门和城市开发者的开发策略相关。

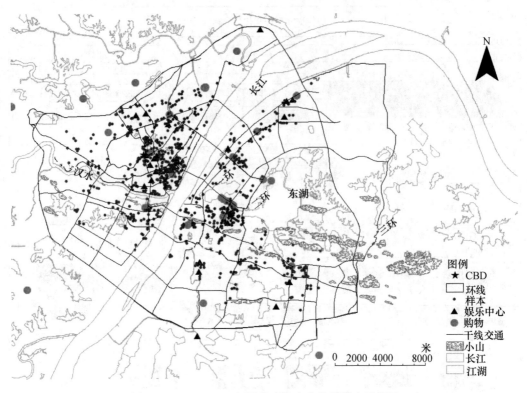

图 4.3 2006—2010 年居住建筑变化分析样本示意图

在回归模型中，因变量为二元变量，变量的二元分类是基于武汉市不同宗地的住宅建筑高度。2006—2010 年新出现的高层住宅建筑样本为分类变量"1"，2006—2010 年未出现高层住宅建筑的样本为分类变量"0"，根据这些样本分类，探索高层住宅开发的空间分布规律。这个分类规则依据的是武汉市《高层民用建筑设计防火规范》，同时也符合国外许多文献中高层建筑以 10 层为界的标准。相对于低层住宅建筑来讲，高层住宅建筑对于防火防灾、建筑材料和结构等方面具有更加严格的限制，以此保证高层住宅居民的安全和居住适宜度。解释变量见表 4.1。

表 4.1 解释变量表

变量名称	变量含义	变量类型
Ecology elements		
VCPlazas	基于地理场评估的城市广场的外部影响作用分值	连续变量
VParks	基于地理场评估的城市公园的外部影响作用分值	连续变量
VYangtze	基于地理场评估的长江的外部影响作用分值	连续变量
VLakes	基于地理场评估的湖泊的外部影响作用分值	连续变量
VLandscapeCs	基于地理场评估的城市广场的外部影响作用分值	连续变量

变量名称	变量含义	变量类型
Economic elements		
VSupermarkets	基于地理场评估的超级市场的外部影响作用分值	连续变量
VEnCenters	基于地理场评估的娱乐中心的外部影响作用分值	连续变量
VLabormarkets	基于地理场评估的劳动力市场的外部影响作用分值	连续变量
UDLandprice	基准地价	连续变量
BasalArea	所在宗地面积	连续变量
Social elements		
PopDensity	所在社区的人口密度	连续变量
VGhospitals	基于地理场评估的市级综合医院的外部影响作用分值	连续变量
VMidSchools	基于地理场评估的中学的外部影响作用分值	连续变量
VPriSchools	基于地理场评估的小学的外部影响作用分值	连续变量
VNerSchools	基于地理场评估的幼儿园的外部影响作用分值	连续变量
VVocSchools	基于地理场评估的职业技术学院的外部影响作用分值	连续变量
VUniversities	基于地理场评估的大学的外部影响作用分值	连续变量
Location factors		
VCenters	基于地理场评估的城市中心的外部影响作用分值	连续变量
$LCenters_i$	距离最近的城市中心	分类变量
$LCenters_1$	距离城市主中心最近	分类变量
$Lcenters_2$	距离城市副中心最近	分类变量
$LRing_i$	所在城市环线区域	分类变量
$LRing_1$	在城市一环以内	分类变量
$LRing_2$	在城市二环范围以内	分类变量
$LRing_3$	在城市三环线以内	分类变量
RoadArea	所在控规评估单元的道路总面积	分类变量
VArtRoads	基于地理场评估的城市主干道的外部影响作用分值	连续变量
Autocorrelation		
$auto_j$	基于反距离权重矩阵量化的空间自相关变量值	连续变量
Urban planning factors		
$HistoryPro_i$	城市总体规划2006—2020划定历史名城保护区	分类变量
$HistoryPro_0$	无历史名城保护规划限制的区域	分类变量
$HistoryPro_1$	城市历史名城保护区和城市旧城风貌区	分类变量
$LandscapePro_i$	城市总体规划2006—2020划定景观特色保护规划	分类变量
$LandscapePro_0$	无景观特色保护规划限制的区域	分类变量
$LandscapePro_1$	受到景观特色保护规划限制的区域	分类变量

现代居住空间设计对于生态资源的重视程度越来越高。这些自然生态资源能够提供美观的景观功能、休闲功能，这些功能对城市规划部门和城市居民有着很强的吸引力。同时，住宅开发商也能够利用这些自然生态资源提高房屋价格，获得更多的利润。武汉市也是著名的江城，水域资源丰富。因此，本书也考虑了很多生态因素对高层住宅建筑

的空间分布的影响。这些生态因素包括城市广场、公园、长江、自然湖泊和城市景观中心。而且，利用地理场模型量化这些生态因子的外部影响作用。

与以往的住宅开发的相关研究不同，本书主要考虑开敞空间的影响，例如长江和城市广场（Boddy，Turner）。这些自然资源和城市基础设施有益于居民的身心健康，能够提高城市人口的居住满意度，能够提高周围的房价，同时也能增加开发商的收益。近年来，自然资源和开敞空间越来越受重视，城市规划部门对自然资源和开场空间的保护也越来越严格，围绕开敞空间展开的研究也越来越多。对高层建筑房屋估价的研究表明，邻里环境明显影响房屋价值。因此，邻里环境与开敞空间和区位条件一样，明显影响高层建筑的选址。同时，就业机遇和教育设施可达性、工作地点的可达性，这些因子也能影响高层建筑的价值。就业机遇和教育设施可达性、工作地点的可达性这三个因子与城市人口集聚也明显相关，因此，这些人口聚集区域的居住空间需求促使高层住宅的开发程度加剧。

地价是影响居住形态的典型要素。本书采用基准地价来代表地价水平，基准地价在中国被相关土地利用政府部门广泛应用。地价是土地在买卖、出让和转让等交易活动中所表现出的价格，是土地资产属性的直观反映。基准地价是在城镇规划区范围内的平均价格，是各用途土地的使用权区域平均价格，对应的使用年期为各用途土地的法定最高出让年限，由政府组织或委托评估，评估结果须经政府认可。基准地价即土地初始价，也称城市基准地价，是指在城镇规划区范围内，对现状利用条件下不同级别或不同均质地域的土地，按照商业、居住、工业等用途分别评估法定最高年期的土地使用权价格，并由市、县及以上人民政府公布的国有土地使用权的平均价格。基准地价因为是平均价格，它的表现形式有级别价、区片价和路线价 3 种。基准地价不是具体的收费标准。土地使用权出让、转让、出租、抵押等宗地价格，是以基准地价为基础，根据土地使用年限、地块大小、形状、容积率、微观区位等因子，通过系统修正进行综合评估而确定的。基准地价的主要贡献表现在反映土地市场中地价总体水平和变化趋势；基准地价还可以为国家征收土地税收提供依据。本书的研究中，选用的是武汉市主城区的住宅基准地价。在武汉市，基准地价分为 7 个水平，分别为 3364.65 元/m²、4355.25 元/m²、5570.85 元/m²、7235.4 元/m²、10147.5 元/m²、15463.8 元/m²、22613.25 元/m²。经济指标中的其他因子，例如超级市场、娱乐中心、人才市场，由地理场模型来评估外部影响。

社会因素可分为人口密度、健康设施和教育设施，其中，包括人口密度、医院、大学、高级中学、初级中学、小学、幼儿园、职业教育学院。区域的人口密度可以很明显地反映所在一定范围的人口对居住空间的需求。区位条件也是影响城市住宅开发的重要因素。区位因子包括到经济中心的距离、所在邻近的经济中心的区域、所在邻近圈层的区域、距离主干道的区域。城市公共开敞空间体系是以公园、广场、绿地等点、面状城市公共开敞空间为基础，通过道路、河流、城市绿带等廊道开敞空间串联起来的各种城市公共开敞空间相互交织、相互沟通、共同组成的网状体系。空间自相关变量由反距离空间权重矩阵进行计算。

区位因素是影响城市结构和居住空间格局的显著性因素。城市圈层模型（the urban stage model）（Lam and Chung，2012）表明土地利用强度取决于城市建筑开发的区位。高层住宅建筑开发不仅仅发生在城市边缘，同时也发生在城市建成区的发达区域。换而言之，经济中心越发达，经济中心规模越大，高层住宅开发则越受开发商的青睐。高层住宅的开发更倾向于出现在城市中心。亚洲城市中心呈现出一种人口集聚的普遍现象。这是由于城市中心的经济水平高于城市边缘，导致人口向城市中心集聚。与发达国家的城市住宅郊区化现象不同，发展中国家的居民更倾向于居住在离城市中心更近的位置。在发达国家，居民倾向于居住在城市郊区，远离市中心，是为了享受更好的居住环境，比如安静的睡眠环境、干净的空气和水环境以及相对不拥挤的居住空间；在发展中国家，居民偏好居住在城市中心附近，以便获得更好的交通条件和其他城市基础设施的可达度。国外居住空间不断向城市边缘扩张，相反，国内城市内部的住宅密度在不断增长。因此，高层住宅在发展中国家的发达城市不断出现，例如北京、上海、武汉等城市。对于相同面积的地块，高层住宅相比于低层，能提供更多的居住空间，从而容纳更多的居住人口。

高层住宅的出现，是为了供应更多的可利用居住空间，同时也是为了减少城市内部每单位的土地消耗。在城市自然景观保护以及城市结构优化方面，高层住宅开发具有更好的灵活性，可以缓解城市内部密集化问题。同时，集聚的高层住宅建筑能够释放更多的开敞空间，例如游乐广场和绿地。因此，高层住宅开发在城市内部扩张和城市可持续发展过程中扮演着重要的角色。

变量（$LRings_i$）是一个分类变量，表示坐落地点的不同环线区域。例如，$LRings_1$坐落在一环线区域以内，即城市最中心区域，$LRings_2$表示建筑物坐落在一环线到二环线之间的区域，$LRings_3$则表示建筑物坐落在城市二环线到三环线之间的区域。其中，一环线、二环线、三环线的区域位置在研究区图上显示得非常清楚。$LCenters_i$表示建筑物距离最近的经济中心，或者说经济商圈。$LCenters_1$、$LCenters_2$则表示建筑物坐落位置距离城市主中心和城市副中心最近。在《武汉市总体规划（2010—2020）》中，武汉市城市景观中心在长江与汉江的交界处。

同时，除了基准地价、宗地基底面积、人口密度、所在邻近的经济中心的区域、所在邻近圈层的区域和空间自相关因子以外，其他因子都是运用地理场模型评估外部影响。同时，这些由地理场模型计算的因子还进行了数据标准化，标准化的表达式如下：

$$x_i = \frac{x - x_{min}}{x_{max} - x_{min}} \tag{4.1}$$

其中，x_i是标准化之后的值，x表示初始值，x_{max}表示最大值，x_{min}表示最小值。

4.2.2　基于影响因子的居住空间变化特征分析

首先，我们利用散点图探索解释变量与高层住宅的建筑高度之间的关系。在本书中，高层住宅的建筑高度会受到不同的经济因素、社会因素、区位因素和空间自相关因子的影响。同时，相关性研究中的相关性系数可以表现反应变量与解释变量之间的相关程度。反应变量是高层住宅的平均建筑高度（the average building height of high-rise residential buildings），解释变量则是地理场模型评估影响因子的外部作用分值后的标准化值。同时，本书中的散点图也能证明 Frenkel 高层建筑区位研究的结论。例如，可以证实 Frenkel 的高层建筑空间分布规律所述，相较于城市边缘，在城市中心区域和经济发达区域高层建筑更易被开发。同时，随着距离城市中心的距离逐渐增加，高层建筑的发生概率会递减。因此，散点图分析可以证实区位条件与建筑高度之间存在很明显的相关关系。建筑高度变化散点图如图 4.4 所示。

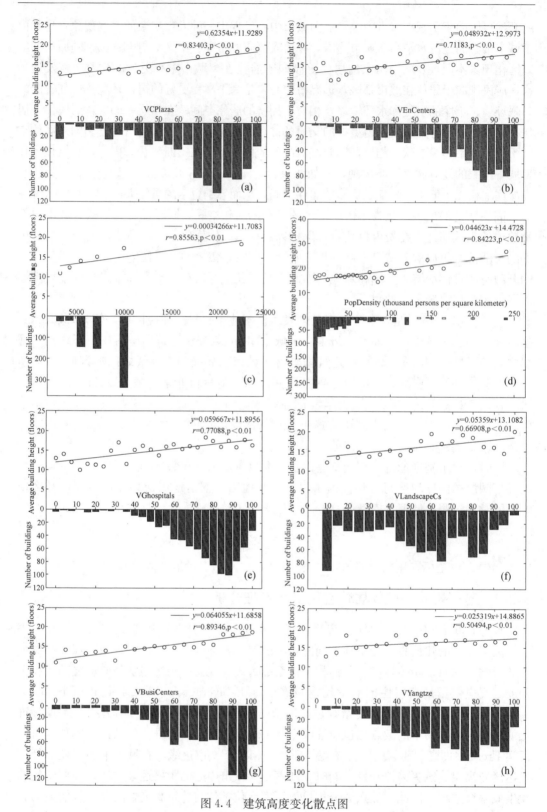

图 4.4　建筑高度变化散点图

注：基于不同解释变量（a）VCPlazas；（b）VEnCenters；（c）UDLandprice；
（d）PopDensity；（e）VGhospitals；（f）VLandscapeCs；（g）VCenters；（h）by VYangtze。

在本书的散点图中（图 4.4），r 值表示两个变量之间的相关系数，p 值表示显著性。若相关系数 r 值为 0，则两者之间不相关；若相关系数 r 值不为 0，则说明两者之间存在相关，同时，相关系数 r 值的大小，也能够表示相关程度的高低。相关系数 r 值为正，则两者之间存在正相关关系；相关系数 r 值为负，则两者之间存在负相关关系；若相关系数 r 值的绝对值越大，那么说明两者之间的相关程度越高。p 值表示显著性，是将观察结果认为有效即具有总体代表性的犯错概率。如 $p=0.05$ 提示样本中变量关联有 5% 的可能是由于偶然性造成的。因此，p 值越小，则说明相关性分析的结果越显著，具有更高的统计学意义。本书的相关性分析借助相关性系数 r 值和显著性 p 值解释高层住宅的建筑高度和变量之间的相关关系。

从散点图（图 4.4）可以看出，高层住宅离城市广场和娱乐中心越近，那么高层住宅的平均建筑高度越高。这种变化规律能够证明距离衰减定律、地理要素间的相互作用与距离有关，在其他条件相同时，地理要素间的作用与距离的平方成反比。社会经济要素，例如基准地价和人口密度，同时也能显著影响高层建筑的空间分布格局。高层建筑通常都会在地价较高的地块上被开发，这是因为较高的地价会增加开发商的开发成本，而开发商为了获得较高的利润，会增加建筑物的高度，从而提高收益，因此，这可以证实建筑高度与地价之间存在正相关关系。这种正相关同时发生建筑高度与人口密度之间，在散点图同样显示开发商会开发更高的建筑物在人口密集的区域，以满足人口对住宅的需求，从而增加自身收益。总之，这类散点图可以证明社会经济因素与高层住宅的建筑高度存在正相关关系。

依据散点图和相关性研究，区位因素和社会经济因素与高层住宅的建筑高度之间的相关关系比较明显；还有其他因素，例如教育设施、交通设施等，这些因子与高层住宅的建筑高度之间的相关系数值位于区间 $-0.5<r<0.5$ 内，说明这些因素与高层住宅的建筑高度之间不存在很明显的相关关系，其散点图在本书中没有显示。

4.3 居住空间形态变化建模与分析

4.3.1 模型建模与多空间模型对比分析

正如前文所说，欧氏距离方法和地理场模型的最大区别在于量化因子外部影响分值的方式。Logistic 回归模型与 Autologistic 回归模型的最大区别在于模型是否考虑到了因变量的空间自相关的影响。因此，本书比较 6 种空间模型的预测精度，选出最优拟合模型。

1. GFM-Autologistic Model

GFM-Autologistic 回归模型基于 Autologistic 回归模型建模，同时通过地理场模型 GFM 来评估解释变量的外部影响作用。更重要的是，GFM-Autologistic 回归模型将空间自相关作为一个增加的解释变量用来消除邻域空间的影响，运用空间自相关矩阵计算其变量值，提高模型的拟合优度。

2. ED-Autologistic Model

ED-Autologistic 回归模型基于经典 Logistic 回归方法建模，同时利用基于欧氏距离的方法（ED）来评估解释变量的外部影响作用。比如，直接将到经济中心的直线距离标准化值作为经济中心的外部影响作用值，以此作为参与回归模拟的解释变量。再者，

ED-Autologistic回归模型也考虑了空间自相关的影响，运用空间自相关矩阵计算其变量值。

3. ED-Logistic Model

ED-Logistic 回归模型基于经典 Logistic 回归方法建模，同时利用基于欧氏距离的方法（ED）来评估解释变量的外部影响作用。比如，直接将到经济中心的直线距离标准化值作为经济中心的外部影响作用值，以此作为参与回归模拟的解释变量。但是，ED-Logistic 回归模型没有考虑到空间自相关的影响。

4. GFM-Autoprobit Model

GFM-Autoprobit 回归模型基于 Autoprobit 回归模型建模，同时通过地理场模型 GFM 来评估解释变量的外部影响作用。更重要的是，GFM-Probit 回归模型将空间自相关作为一个增加的解释变量用来消除邻域空间的影响，运用空间自相关矩阵计算其变量值，提高模型的拟合优度。

5. ED-Autoprobit Model

ED-Autoprobit 回归模型基于经典 Probit 回归方法建模，同时利用基于欧氏距离的方法（ED）来评估解释变量的外部影响作用。比如，直接将到经济中心的直线距离标准化值作为经济中心的外部影响作用值，以此作为参与回归模拟的解释变量。再者，ED-Probit 回归模型也考虑了空间自相关的影响，运用空间自相关矩阵计算其变量值。

6. GFM-LPM Model

GFM-LPM 回归模型基于 LPM 回归模型建模，同时通过地理场模型 GFM 来评估解释变量的外部影响作用。更重要的是，GFM-LPM 回归模型将空间自相关作为一个增加的解释变量用来消除邻域空间的影响，运用空间自相关矩阵计算其变量值，提高模型的拟合优度。

在回归模型中，因变量为二元变量，变量的二元分类是基于武汉市不同宗地的住宅建筑高度。2006—2010 年新出现的高层住宅建筑样本为分类变量"1"，2006—2010 年之间未出现高层住宅建筑的样本为分类变量"0"，根据这些样本分类，探索高层住宅开发的空间分布规律。根据 2006 年和 2010 年的地籍现状调查数据的对比，发现 2006—2010 年之间居住用地上的居住建筑发生变化的区域，提取发生变化的居住建筑，主城区内新增住宅大部分为高层建筑，而消失的建筑为低层住宅建筑。

本书中，二分类因变量的分类依据是高层建筑样本的建筑高度。地籍调查过程中，根据 2006 年和 2010 年的地籍现状调查数据的对比，发现 2006—2010 年之间居住用地上的居住建筑发生变化的区域，提取发生变化的居住建筑，主城区内新增住宅大部分为高层建筑，而消失的建筑为低层住宅建筑。

在回归模型中，因变量为二元变量，变量的二元分类是基于武汉市不同宗地的住宅建筑高度。2006—2010 年新出现的高层住宅建筑样本为分类变量"1"，2006—2010 年之间未出现高层住宅建筑的样本为分类变量"0"，根据这些样本分类，探索高层住宅开发的空间分布规律。本书运用二分类 Logsitic 回归的逐步回归过程，以此筛选影响高层住宅建筑空间布局的显著性解释变量，例如以显著性为 0.05 的显著性水平进行逐步回归。在回归结果的表格中，各变量的回归参数、显著性都有明显的区别，同时，模型的比较则是基于受试者工作特征曲线 Receiver Operating Characteristic Curve（ROC 曲线）和赤池信息量准则 Akaike Information Criterion（AIC）。模型回归结果比较表见表 4.2。

表 4.2　模型回归结果比较表

Variables	GFM-Autologistic Model 参数	估计标准误差		ED-Logistic Model 参数	估计标准误差		ED-Autologistic Model 参数	估计标准误差		GFM-Autoprobit Model 参数	估计标准误差		ED-Autoprobit Model 参数	估计标准误差		GFM-LPM Model 参数	估计标准误差	
VCenters	0.018	0.006	***	−0.035	0.006	***	−0.002	0.007	***	0.011	0.004	***	−0.001	0.004	***	−0.002	0.001	**
VMidSchools	0.012	0.005	***	−0.048	0.041	***	−0.098	0.039	*	0.007	0.003	***	−0.059	0.024	***	−0.006	0.005	*
VYangtze	0.023	0.006	**	−0.036	0.005	*	−0.001	0.006	***	0.014	0.004	**	−0.001	0.004	*	−0.005	0.004	**
VArtRoads	0.013	0.005	**	—	—		—	—		0.008	0.003	**	—	—		−0.015	—	
VCPlazas	0.028	0.007	***	−0.267	0.028	***	−0.154	0.028	**	0.017	0.004	**	−0.093	0.017	***	—	—	
UDLandprice$_1$	0.325	1.835	*	0.197	1.119	*	0.048	1.381	*	0.197	1.112	*	0.029	0.837	*	—	—	
UDLandprice$_2$	0.568	1.306	*	0.845	0.823	*	1.259	0.942	*	0.344	0.792	*	0.763	0.571	*	—	—	
UDLandprice$_3$	1.025	1.058	*	0.998	0.770	*	1.247	0.901	*	0.621	0.641	*	0.756	0.546	*	—	—	
UDLandprice$_4$	1.068	0.961	*	0.714	0.751	*	1.325	0.879	*	0.647	0.582	*	0.803	0.533	*	—	—	
UDLandprice$_5$	1.687	0.931	*	0.715	0.758	*	1.368	0.886	*	1.022	0.564	*	0.829	0.537	*	—	—	
UDLandprice$_6$	1.421	0.945	*	0.786	0.760	*	1.588	0.885	*	0.861	0.573	*	0.962	0.536	*	—	—	
VLakes	0.019	0.004	**	—	—		—	—		0.012	0.002	**	—	—		—	—	
VEastlake	0.016	0.005	**	—	—		—	—		0.010	0.003	**	—	—		—	—	
HistoryPro$_1$	0.564	0.006	***	0.478	0.003	**	—	—		0.342	0.004	*	—	—		—	—	
LandscapePro$_0$	0.485	0.006	***	—	—		0.894	0.002	**	0.294	0.004	*	—	—		0.043	0.006	***
auto$_j$	0.016	0.002	***	0.014	0.002	***	0.014	0.002	***	0.010	0.001	***	—	—		0.014	0.004	***
Intercept	−12.65	1.367	***	8.245	0.819	***	−9.159	1.017	**	−7.667	0.828	***	−5.551	0.616	***	2.568	0.957	***
ROC	0.889			0.728			0.835			0.812			0.719			0.665		
AIC	482.487			631.745			524.317			518.074			673.489			845.624		

其中，*，**，*** 分别表示显著性小于 0.1，0.05，0.01。

模型模拟精度的评价普遍借助于受试者工作特征曲线（ROC 曲线）下的面积（AUC）。其中，ROC 曲线下的面积（AUC）在 0.5～1 之间为模拟精度较好，反之则模拟精度较差；AUC 的值与模型的模拟精度存在正向关系，即 AUC 越大，则模型的拟合优度越高（Ayalew and Yamagishi，2005；Lam and Chung，2012；W. Wu and Zhang，2013）。模型的 ROC 曲线下的面积（AUC）大于 0.7 时，模型具有较好的模拟和预测能力。从模型结果比较可知，回归模型 GFM-Autologistic model 比回归模型 ED-Logistic Model 和 GFM-Autologistic Model 具有更高的 AUC 值。GFM-Autologistic Model 的 AUC 值为 0.896，ED-Autologistic Model 的 AUC 值为 0.808，ED-Logistic Model 的 AUC 值为 0.729，GFM-Autoprobit Model 的 AUC 值为 0.812，ED-Autoprobit Model 的 AUC 值为 0.719，GFM-LPM Model 的 AUC 值为 0.665；GFM-Autologistic Model 的 AUC 值最高，证明基于 ROC 曲线下的面积（AUC）的模型比较上，GFM-Autologistic Model 的模拟精度最高。

根据以往的研究，不仅是受试者工作特征曲线（ROC）可以评价模型的模拟精度，而且赤池信息量准则（AIC）也能够评价模型的模拟精度。受试者工作特征曲线（ROC）是基于模型预测的准确率，而赤池信息量准则（AIC）增加自由参数的数目提高了拟合的优良性，鼓励数据拟合的优良性同时也可尽量避免出现过度拟合（Overfitting）的情况。赤池信息量准则建立在熵的概念基础上，可以权衡所估计模型的复杂度和此模型拟合数据的优良性，AIC 越小，则基于模型变量数目的过度拟合程度越小，则模型越优。在一般的情况下，AIC 可以表示为 $-2\log(\mathrm{L})+2p$，其中：k 是参数的数量，L 是对数似然值，n 是观测值数目，它的假设条件是模型的误差服从独立正态分布。GFM-Autologistic Model 的 AIC 值为 482.487，ED-Autologistic model 的 AIC 值为 631.745，ED-Logistic Model 的 AIC 值为 0.524.317，GFM-Autoprobit Model 的 AIC 值为 518.074，ED-Autoprobit Model 的 AIC 值为 673.489，GFM-LPM Model 的 AUC 值为 845.624；根据模型 AIC 值的比较，GFM-Autologistic Model 的 AIC 值为 449.235，比其他回归模型 ED-Logistic Model 和 GFM-Autologistic Model 的 AIC 值都要小，GFM-Autologistic Model 能够最大限度避免模型的过度拟合。同时，GFM-Autologistic Model 的 AUC 值 0.896 为最大，显示其预测精度最高；模型 AIC 最小，表示在尽量避免出现过度拟合（Overfitting）的情况下，回归模型 GFM-Autologistic Model 的模型拟合精度最高。

在以往的研究中，普遍存在各个变量不是相互独立的，而是存在相互关联，这种关联有一定程度的线性相关，一般被称为多重共线性（Multicollinearity）。多重共线性（Multicollinearity）是指线性回归模型中的解释变量之间由于存在精确相关关系或高度相关关系而使模型估计失真或难以估计准确；这种多重共线性常常会增大估计参数的均方误差和标准误差，有的甚至使回归系数的方向相反，造成方程的不稳定性，从而造成 Logistic 回归模型失真。因此，在提高模型的拟合精度的同时，还必须消减模型中各个解释变量之间的多重共线性，从而筛选出模型拟合之后的最优解释变量。许多研究运用 VIF（Variance in flation factor），即方差膨胀因子，或者容忍度（Tolerance）来判断各变量与其他变量之间存在的多重共线性。一般 VIF 越大或者 Tolerance 越小，则说明变量之间存在很严重的多重共线性。一般 VIF 大于 5.0 或者 Tolerance 小于 0.2 时，说明自变量间存在比较严重的多重共线性，且这种多重共线性可能会过度影响最小二乘估计值。在本书中，逐步回归模型的最后一步，各个变量的 VIF 值都小于 5.0，则表示模型中各个变量之间的多重共线性已经处于很低的水平，证明模型中各个解释变量的合理性。

残差自相关分析是基于全局 Moran's I 系数量化不同的尺度下样本残差的空间自相关程度的。残差是指观测值与预测值（拟合值）之间的差，即实际观察值与回归估计值的差。样本残差的空间自相关系数可以表示模型拟合之后的预测样本之间的邻域影响程度，全局 Moran's I 系数越大则表明模拟结果之间的空间自相关越强，反之则越小。全局 Moran's I 系数越小，证明回归模型模拟过程中将空间自相关的影响消减到最小程度，其拟合精度也相对较高。通过比较模型的残差图可以看出使用 GFM-Autologistic Model 的显著性效果。ED-Logistic Model 的残差的空间自相关系数最大，ED-Autologistic Model 的残差的空间自相关系数次之，GFM-Autologistic Model 的残差的空间自相关系数最小，且三个模型的残差全局 Moran's I 系数都为正值。研究结果表明 GFM-Autologistic Model 的残差自相关程度最小，在模拟过程中处理空间异质性所造成的误差的能力最强，拟合精度最高。

回归模型的空间自相关检验如图 4.5 所示。

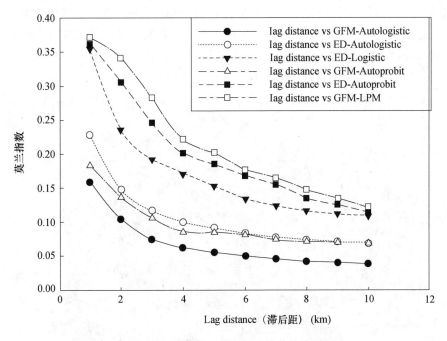

图 4.5 回归模型的空间自相关检验图

本书表明，有些显著性变量影响高层住宅建筑开发的空间格局，这些解释变量包括基准地价，城市广场、长江、中学，人才市场，经济中心和空间自相关。相反，一些解释变量的显著性（Sig）大于 0.05，表示这些变量不能显著影响高层住宅建筑开发的空间分布，例如住宅显著的宗地特性，大学和主干道等。GFM-Autologistic Model 模拟结果中，变量 VCenters、VMidSchools、VYangtze、VLabormarkets、VCPlazas 的参数为正，表示这些解释变量与因变量之间存在正向相关关系；但是在 ED-Autologistic Model 和 ED-Logistic Model 中，与住宅开发和城市扩张相关的变量，例如城市广场、长江、中学，人才市场等，相关关系为负相关，这是由于变量的计算方式不同而导致变量回归参数的差异。ED-Autologistic Model 和 ED-Logistic Model 中，都是以欧式距离直接表示解释变量，例如到城市中心、城市广场之间的直线距离；本书利用地理场模型评估这些因子的外部影响，量化城市广场、长江、中学和人才市场的外部作用分值，作为本书模拟过程中的解释变量，这些解释变量的数值与欧式距离成反向相关。尽管这些变量在不同模型中的参数是不同的，但是其影响作用是相同的，例如，距离城市广场或者经济中心越近的区域越易出现高层住宅建筑开发。总之，在 GFM-Autologistic Model 中，运用地理场模型量化的解释变量进一步消减了欧氏距离所造成的误差，提高了模型的拟合精度。

4.3.2 居住空间形态变化的影响因子

本书评估不同的区位对样本的发生概率的影响。本书基于不同的解释变量的外部作用计算高层住宅建筑的预测概率的空间分布规律。在模拟结果中，可以利用不同平均概率图的变化趋势来评估解释变量对高层住宅建筑开发的外部效应。研究结果表明，不同因变量对高层住宅建筑的平均发生概率的变化趋势产生影响，这些解释变量包括社会因素、经济因子、区位因子和空间自相关变量中一系列的显著性变量。解释变量的外部作用可以直接表现为不同解释变量的影响半径或者影响距离，从而模拟城市高层住宅建筑的空间分布格局。同时，本书利用三维图模拟高层住宅的空间分布格局。基于 GFM-Autologistic model 模拟高层住宅分布概率如图 4.6 所示。

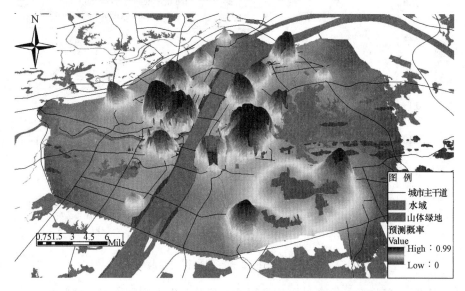

图 4.6　基于 GFM-Autologistic Model 模拟高层住宅分布概率图
注：1mile＝1.61km。

本书运用基于线性函数的地理场模型评估解释变量的外部影响效应，赋予不同位置影响因子的作用分值。根据地理场模型的量化函数可知，解释变量的作用分值与样本位置到影响因子的欧氏距离呈负相关关系，即距离影响因素越近，则其作用分值越高。例如，距离城市中心越近，所在样本点的城市中心作用分值越高；距离城市中心越远，所在样本点的城市中心作用分值越低，甚至到达最大距离阈值时，作用分值为最小值 0。在高层住宅建筑的空间分布规律研究中，解释变量很明显地呈现出了一个距离衰减的规律，特别是在与经济中心的距离方面，随着与城市中心的距离不断增加，影响因子的外部影响不断减弱，其外部作用分值不断降低，高层住宅开发的发生概率不断降低。

前人也有很多研究与高层住宅开发有关。在城市化过程中，有关高层建筑高度与技术的研究也越来越多。Frenkel 主要总结出不同用途的高层建筑的空间分布规律，用以证明 hall 的城市分级模型。同时，Frenkel 的研究还表明，尽管在城市郊区化过程导致住宅开发出现在城市边缘，但是，城市再发展过程则促进高层建筑开发集中于大都市区的中心区域。Frenkel 和 Czananski 的理论也证实低层建筑多出现在城市边缘而高层建筑向城市中心集聚。开发商挖掘了高层建筑开发在城市区域的的潜力，他们发现高层建筑不仅能满足城市居民对居住空间的要求，同时还能在有限的土地上创造出更多的利益。

本书的研究结果表明，高层建筑更容易被开发商建造在中央商务区周围，同时，随着离商务区的距离增加，其开发概率会不断降低。在以往的城市扩张、区域研究和住宅开发区位研究中，一般以单核心城市模型为例，研究城市中的唯一城市中心或者经济中心对城市建设用地的时空变化和住宅开发选址的影响。但是，本书在研究以往的单核心城市模型的基础上，继续研究多城市中心对高层住宅建筑的空间格局的影响。本书选取的城市多中心结构是根据《城市发展规划》以及相关规划所规定的城市主中心和城市副中心确定的。其中，城市主中心以三个片区为主体，形成三个城市主中心：武广城市主中心以新华片和武广大型商业中心主体，形成以大型商业为特色、公共服务职能综合发展的综合性中心商业区；王家墩商务区依托建设大道一线已形成的金融商贸功能，建设服务中部的商务中心区；中南城市主中心则以洪山片为主体，以中南路商务设施为依托，以洪山广场为开放空间景观中心，形成俯身城市圈和湖北省的综合性商务中心区。规划布局四新、鲁巷、杨春湖三个城市副中心，城市副中心以周边地区的主导产业和功能为依托，发展成为兼具区域性专业服务中心职能和地区性综合服务职能的公共中心。

由图 4-7 可以看出，受王家墩中央商务区的影响，不同区位的高层住宅开发平均概率要高于受其他城市中心影响的高层住宅建筑开发的发生概率。这表示经济规模越大的城市中心附近的高层住宅开发的发生概率高于其他城市中心附近的高层住宅开发的发生概率，即经济规模较大的城市中心外部影响要高于其他城市中心。同时，对于每个城市中心而言，即对每个经济中心而言，样本发生概率也随着经济中心作用分值的减小而降低，这表明，与城市中心的距离越大，其样本的发生概率越小。高层住宅开发的发生概率与地理场模型评估的城市中心作用分值呈正向相关，而与到城市中心的距离呈反向相关。

1. 居住空间变化分析的空间模型结果

根据空间模型 GFM-Autologistic Model 的分析结果，可以选出高层住宅开发的空间格局的显著性影响因素，包括区位因素、社会因素、经济因素、生态环境因子等。这些显著性影响因子具体有城市经济中心、城市主干道、城市广场、城市湖泊、长江、中学和基准地价，以及城市历史文化名城规划和城市景观特色规划。基于 GFM-Autologistic Model 计算的高层住宅概率分布如图 4.7 所示。

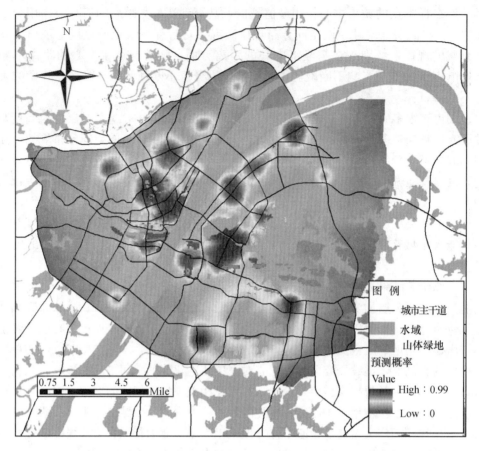

图 4.7　基于 GFM-Autologistic Model 计算的高层住宅概率分布图
注：1mile＝1.61km。

2. 居住建筑高度与影响因子的关联分析

根据空间模型 GFM-Autologistic Model 的分析结果，可以选出高层住宅开发的空间格局的显著性影响因素，包括区位因素、社会因素、经济因素、生态环境因子等。这些显著性影响因子具体有城市经济中心、城市广场、长江、基础教育、城市主干道和基准地价。

（1）居住建筑高度与地价。

从经济学研究中，经济学家已经探索出建筑高度与地价之间的关系。地价能明显影响建筑高度且为正向相关关系，即某地块地价越高，那么在此地块上的建筑物的高度也越高。高层建筑预测概率与基准地价空间分布如图 4.8 所示，基于基准地价因子的高层建筑开发概率的变化趋势如图 4.9 所示。本书在过去研究的基础上，还探索区位条件、生态环境因子（开敞空间）等对高层住宅开发的空间格局的影响。对多商圈的城市而言，高层住宅开发概率会随着离城市商业中心的距离增加而减小；同时，高层住宅开发概率在规模越大的商业中心周边区域要高于经济规模较小的商圈周边区域，例如在中央商务区（CBD）周边的高层住宅的开发概率要高于一般商圈附近的开发概率。在未来，更多的高层住宅将出现在高地价区域。就业可达性、就业机遇和中学教育可达性将会成为吸引人口集聚的因素，提高人口居住空间的需求量，从而增加住宅建筑的高度。开敞空间已经逐渐成为城市居住空间开发和建筑设计的热点关注对象。城市开敞空间担负着城市多样的生活活动、生物的自然消长、隔离避灾、通风导流、表现地景以及限制城市无限蔓延等多重功能，亦是展现生态的、社会的、文化的、经济的等多重目标的载体。开敞空间，如城市广场和长江，也是城市生态景观和城市发展的典型要素。开敞空间、生态环境要素在以往的研究中作为提高房价的重要因素，也是房地产开发商吸引客户、增加收益的手段。高层住宅面向江面而建，是为了获得江面视野和更广阔的外围空间。在本书中，城市广场和长江这些开敞空间是影响高层住宅开发的空间格局的显著性变量；离开敞空间越近，高层住宅开发概率越高，例如在长江附近更易出现高层江景房建筑等。

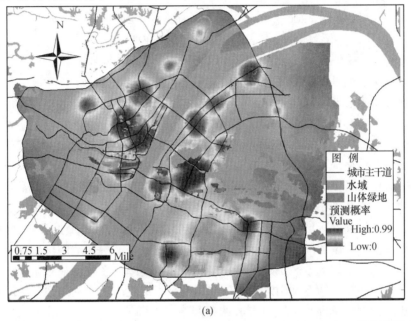

(a)

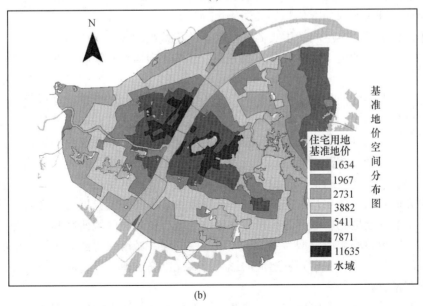

(b)

图 4.8　高层建筑预测概率空间分布与基准地价

（a）高层建筑预测概率空间分布；（b）基准地价。

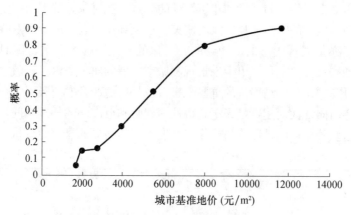

图 4.9　基于基准地价因子的高层建筑开发概率的变化趋势

（2）城市中心的外部影响作用与高层住宅分布格局。

本书研究结果表明，高层建筑更容易出现在经济发展水平较高的经济中心附近，同时，随着与经济中心的距离的增加，建筑高度将会不断降低。本书在单核心城市模型的基础上，继续研究多核心城市布局对高层住宅建筑的空间格局的影响。从武汉市居住空间垂直维度的整体格局可知，武汉市高层建筑空间布局呈多中心格局。武汉市高层建筑呈现的多中心格局与多城市中心的分布结构紧密相关。这里的多中心是指多城市中心，即武汉市的主中心和副中心。在汉口与长江和汉江的交界处，王家墩中央商务区、武广城市主中心和江汉商圈区域的集聚效应最强，居住建筑在垂直维度的开发强度非常高；同时，临近沙湖、中南商圈、洪山广场的区域，呈现较强高层住宅的集聚现象。光谷商圈附近出现了高层聚集区。高层建筑的集聚随着这些商圈的影响呈一条东西向的主线分布。除此之外，徐东和杨春湖附近也是居住用地垂直维度的土地利用强度较高的地段。

高层建筑预测概率分布与城市中心的空间格局如图 4.10 所示，基于城市中心可达性的高层建筑开发概率的变化趋势如图 4.11 所示。

其中，作为城市主中心的中央商务区内部的建筑高度在图中没有突出显示出来，这是由于中央商务区的内部大部分建筑都是商业建筑，而居住建筑在这些金融区内的开发强度反而较小。

不同集聚中心的向外扩展速度是不一样的。高层建筑预测概率梯度变化曲线中根据不同的级别的城市中心的可达度刻画居住空间形态，捕捉居住空间分异特征。光谷商圈附近也具有明显的高层聚集区。光谷商圈相对于汉口的武广和江汉商圈来说，其规划时间和形成年限较晚，相对于老城区的商圈来讲是一个城市副中心。光谷商圈作为一个新的经济中心，高层建筑的集聚范围和集聚强度都低于老城区的经济中心；在垂直维度的空间利用方面，高层住宅开发的发生概率下降较快，其向外围扩展的强度明显低于老城区的经济中心的土地利用强度的扩张。在以往的城市扩张、区域研究和住宅开发区位研究中，一般以单核心城市模型为例，研究城市中的唯一城市中心或者多城市中心对城市建设用地的时空变化和住宅开发选址的影响。武汉市高层建筑呈现的多中心格局与经济中心的分布紧密相关。

从高层建筑的预测概率梯度变化曲线可以看出不同的因素对居住空间垂直维度的空间分异的作用。

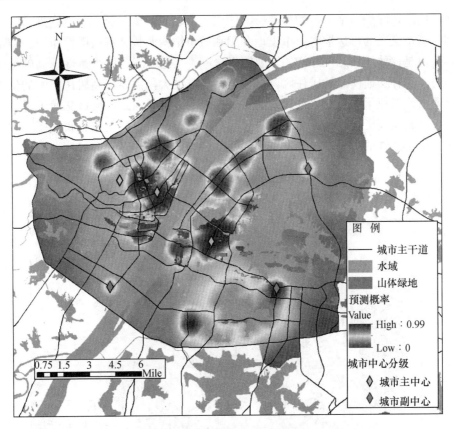

图 4.10   高层建筑预测概率分布与城市中心的空间格局

注：1mile＝1.61km。

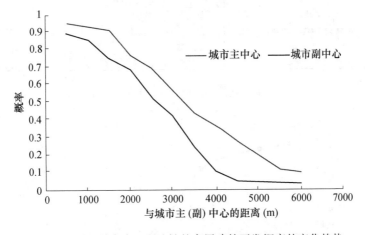

图 4.11   基于城市中心可达性的高层建筑开发概率的变化趋势

（3）城市交通主干道的可达性与高层住宅分布格局。

最邻近城市交通主干道的区域，平均建筑高度是最高的。由城市主干道与高层建筑的空间分布格局图中可以看出，较高的住宅建筑的集聚区域更易出现在主干道附近或者城市主干道节点处。交通可达性直观反映城市居民的出行难易程度，显著影响居住空间的需求；交通可达性也反映城市土地利用效率。本书运用交通主干道的外部影响作用量化交通可达性，即交通主干道的外部影响作用越高表明距离交通主干道越近，其可达性也越高。城市交通的可达性对城市土地利用和城市结构调整具有指引性作用。城市交通的可达性也是评估居住区位好坏的重要因素之一。交通主干道的可达性越高的地区，人口更倾向于选择交通便捷的居住区，居住空间需求更大，需要提高居住空间的供给，从而在交通沿线形成了大量的居住建筑的集聚现象。并且，在距离城市交通干道越近的居住建筑，其建筑高度会越高。高层建筑预测概率分布与城市主干道分布如图 4.12 所示，基于主干道可达性的高层建筑开发概率的变化趋势如图 4.13 所示。

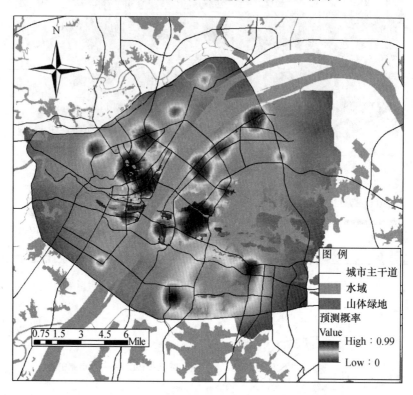

图 4.12　高层建筑预测概率分布与城市主干道分布

注：1mile=1.61km。

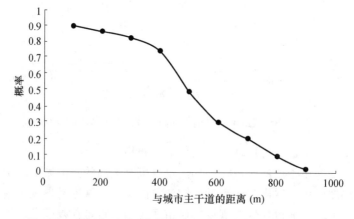

图 4.13　基于主干道可达性的高层建筑开发概率的变化趋势

　　（4）城市基础教育设施的可达性与高层住宅分布格局。

　　基础教育设施对城市人口和居住需求有着显著的影响作用，人口向基础教育设施可达性更好的地区集聚，导致这些地区的住房需求增加，进一步导致新增居住建筑的高度增加。基础教育对居住空间的明显集聚作用是由武汉市的"小升初"坚持的"就近入学"原则所决定的。按照武汉市教委多年来小学升初中的相关规定，义务教育阶段适龄儿童少年持户口簿可在户口所在地或家庭实际居住地（凭房屋产权证或相关证明）就近入学。本书选用基础教育设施的可达性来评估基础教育设施的外部影响作用，以此探索城市高层住宅的空间分布格局。根据 2006—2010 年新增住宅建筑高度、预测的高层住宅建筑开发概率，两者与基础教育设施的可达性分析，高层住宅更易新增于城市基础教育设施的邻近区域。基础教育设施的可达性越高，即与基础教育设施的距离越近，高层住宅更易被开发。这种基础教育设施临近区域的住宅一般被称作学区房。学区高层住宅与商业中心附近的高层住宅的居民偏好度有着明显的差异，这也能体现城市住区不同的外部功能。学区高层住宅体现居民对就学便利度的偏好。学区房在武汉市的"热度"充分体现了城市居民对住宅周围基础教育设施邻近度的重视。基于基础教育可达性的高层建筑开发概率的变化趋势如图 4.14 所示。

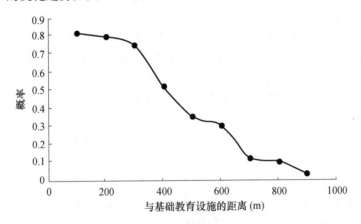

图 4.14　基于基础教育可达性的高层建筑开发概率的变化趋势

　　（5）开敞空间的外部影响作用与高层住宅分布格局。

　　本书探索开敞空间是否影响居住空间垂直维度的空间格局的梯度变化，同时探索不同类型的开敞空间对居住建筑高度的影响。本书研究表明，距离开敞空间越近，居住环境质量越高，居住用地利用强度越大，建筑高度越高。同时，不同类型的开敞空间，与居住空间利用与高层住宅开发的关系是不同的。受到生态规划保护的大型自然开敞空间能够显著影响居住用地垂直维度的开发强度，而小型的人工开敞空间则不能作为分析和预测高层建筑空间分布规律的显著性影响因子。

　　城市开敞空间是以自然生态要素和城市非建筑用地空间为主体的。居住区周围的自然生态要素将显著影响居住区的内部环境、居民满意度和城市开发商的开发选址。城市开敞空间可以是在城市的建筑实体以外存在的空间要素，是人与社会与自然进行信息、物质和能量交换的重要场所，它包括山林农田、河湖水体、各种绿地等自然空间，以及城市的广场、道路、庭院等自然与非自然空间，是住宅环境研究中的一个重要因素。作为城市开敞空间的自然生态要素将会显著影响城市地价和居住建筑高度。大型的开敞空间能够显著提高居住环境质量，从而提高周围土地地价和居住空间需求，土地价格的增加导致成本的上升，居住空间的需求上涨将导致土地利用强度的增加，致使城市开发者以提高居住建筑高度来获得更多的收益。

首先，不同类型的开敞空间与居住空间分布格局有完全不同的关系。过去的研究将开敞空间分为两种类型的开敞空间，如可开发开敞空间和永久开敞空间。在本书中，长江和城市湖泊等大型的自然生态资源以及城市广场，这些城市级别的开敞空间表示为永久开敞空间，其外部影响作用分值 VLakes、VYangtze、VCPlazas 由地理场模型评估，模型结果显示这些变量对居住空间分布具有显著作用。可开发开敞空间将会受到居民和住宅开发人员的人为活动的影响从而发生显著的变化。例如，住宅开发的位置和强度将影响可开发开敞空间的消失和扩张，如私人绿地、小区林地，本书直接剔除这些因素，将地区小型公园和小型广场看作可开发开敞空间，其外部影响作用评估为 VLParks、VLPlazas，模型结果显示其显著性较低。结果表明，这些小型的开敞空间无法影响城市居住空间的分布格局，相反，长江和城市湖泊等大型的自然生态资源以及城市广场，作为大型的城市级别的开敞空间，对居住空间分布格局具有显著性的影响。

本书将开敞空间分为两种类型，城市级别的开敞空间，例如城市广场、长江等受到城市规划保护的开敞空间，能够显著影响城市居住空间分布格局；地方性小型的开敞空间，如区域性小公园、人工绿地等小型人工要素，会受到居住空间开发的影响。较大规模的开敞空间，例如城市广场、规划强制保护的自然资源（长江）等，能够提供较高水平的休闲娱乐空间和宜居视野，能够显著影响高层住宅开发的空间格局；小规模的开敞空间，如公园、人工绿地等，这些由人工开发的开敞空间，对居住空间开发强度的影响较小，同时，这些小型的开敞空间会受到房地产开发过程的影响而发生消亡或者扩张的现象。

其次，开敞空间的可访问性也显著影响在垂直维度的居住空间利用效率。例如长江、东湖，其他普通的湖泊，以及市级公园和城市广场的可达性，与住宅开发强度和潜力有明显的相关关系。长江的可达性影响住宅区块的建筑高度和紧凑度。大量的高层住宅建筑在长江和湖泊附近建造。住宅区块的建筑形态也有明显区别，靠近长江河流附近的住宅小区内部的建筑物更加紧凑。

在本书中涉及的解释变量，如城市广场、绿地、城市公园、长江等城市设施和自然资源都是开敞空间，具有城市美观功能、休闲娱乐功能等。根据解释变量显著性（Sig）和高层建筑开发的概率梯度变化曲线显示，城市开敞空间能够影响城市高层住宅开发的空间分布，进一步导致城市居住空间的建筑高度的空间差异。离距离长江和城市广场越近的区域，其作用分值越高，高层住宅开发更易发生。但是，本书中涉及的其他类型的开敞空间，例如小区绿地、地区性公园等，没有成为显著性影响因子。这是由于这些开敞空间也有可能受到房地产开发的影响，例如，开发商在进行房地产开发时，可能会在小区或者小区周围建造小规模的公园、绿地等。

基于城市广场可达性的高层建筑开发概率的变化趋势、基于长江可达性的高层建筑开发概率的变化趋势、基于湖泊可达性的高层建筑开发概率的变化趋势分别如图 4.15 至图 4.17 所示。

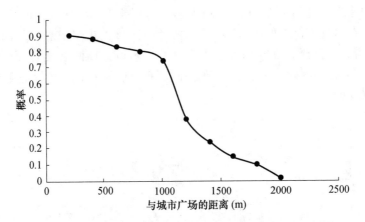

图 4.15　基于城市广场可达性的高层建筑开发概率的变化趋势

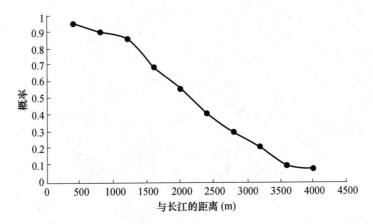

图 4.16　基于长江可达性的高层建筑开发概率的变化趋势

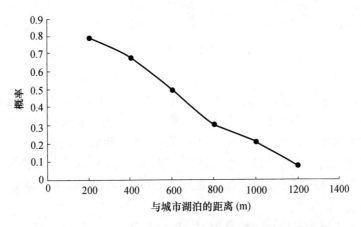

图 4.17　基于湖泊可达性的高层建筑开发概率的变化趋势

3. 基于空间模型的武汉市居住空间格局

武汉市高层住宅开发的预测概率的整体格局如图 4.18 所示。高层住宅开发的预测概率分布图中的平均预测概率表示建筑高度越高的高层住宅的发生概率，图中非常直观地反映了高层住宅的空间分布趋势。此图显示，高层住宅的空间分布格局呈"两轴一线"的格局。在本书中，"两轴"表示长江两旁的区域，在图中表示为两条南北纵轴；"一线"则是指武广商圈、江汉商圈、中南商圈、街道口商圈和光谷商圈这条商圈线，在图中表示为一条东西横线。高层住宅的空间分布特征从宏观上来看是与长江水域和经济中心紧密联系的。

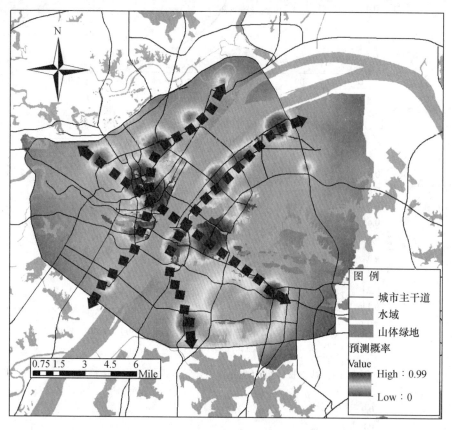

图 4.18　武汉市高层住宅开发的预测概率的整体格局

注：1mile=1.61km。

高层建筑的集聚区域呈多中心格局，从集聚中心向外围呈梯度下降的趋势。同时，不同的区域具有不同的集聚强度。例如，从图上可以看出，在汉口与长江和汉江的交界处，王家墩中央商务区、武广商圈和江汉商圈区域的集聚效应最强，居住建筑在垂直维度的开发强度非常高；临近沙湖、中南商圈、洪山广场的区域，呈现较明显的高层住宅的集聚现象。光谷商圈附近出现了高层聚集区。最南部的南湖周围，也出现了高层住宅的集聚区域。

根据武汉市主城的高层建筑所呈现的这种空间分布趋势可以预测，在沿长江两旁的南北纵轴区域和沿武广商圈、江汉商圈、中南商圈、街道口商圈和光谷商圈的一条东西横线将会是高层住宅建筑开发的重点区域。城市居住区空间设计规范需要考虑这些地区的不同的社会经济条件、区位条件和生态特征，设计更优的绿色住宅、生态住宅和科技住宅，来提高这些居住密集区的居住适宜性和居住环境质量。同时，结合高层建筑所呈现的宏观布局，从城市宏观层面出发，优化城市天际线，改善城市居住建筑群的空间形态和城市空间结构，实现城市可持续发展。

4.4　本章小结

本章分析居住空间的垂直维度的空间格局，主要是基于高层建筑的空间分布反映其居住空间在垂直维度上的空间格局。城市居住空间的垂直维度空间形态分析，主要是针对高层住宅建筑的空间分布格局，探索城市高层居住空间分布格局与城市结构、城市社会经济要素、自然生态要素之间的关系，模拟城市居住空间的垂直维度的空间形态变化，不仅准确筛选了影响城市居住空间的高层建筑格局的社会、经济、生态、区位和空间要素，明确了各变量的作用机制，还以此反映了居住空间的垂直维度的空间格局。与此同时，为模型改进也作出了一定的贡献，为居住空间的立体形态研究提供了空间回归模型。

本章运用不同的回归模型模拟高层住宅开发的空间分布格局，探索其空间变化规律，筛选其显著性影响因素。同时，比较不同的回归模型的拟合精度，其中包括 6 种分类空间模型（GFM-Autologistic Model、ED-Autologistic Model、ED-Logistic Model、GFM-Autoprobit Model、ED-Autoprobit Model 和 GFM-LPM Model）。

最后，选出了最优拟合模型。模型比较分析的结果表明，GFM-Autologistic Model 在城市居住空间分布格局研究中的模拟预测能力和空间异质性的处理能力最优，为今后的城市空间分析和模拟提供了空间模型 GFM-Autologistic Model，同时也为未来的模型改进提供了参考。

5 基于多元大数据的武汉主城区城市活力空间特征与变化研究

5.1 多元大数据与研究方法

5.1.1 多元大数据

1. 武汉市各类 POI 大数据

兴趣点数据（POI）是基于位置服务的数据。电子地图上的景点、政府机构、公司、商场、饭馆等包含地物名称、坐标等信息都是兴趣点，它包含了丰富的地理信息。城镇化和现代化加速了城市形态的演变，形成了不同的功能区域。近年来，云计算、数据仓库、移动互联网等计算机技术飞速发展，全球数据量出现了爆炸式的增长。数据挖掘是从这样庞大的数据库中提取有用知识的科学，已经成为计算机科学领域的一个年轻和跨学科的分支。数据挖掘技术已广泛应用于工业、科学、工程和政府等领域，人们普遍认为数据挖掘将对我们的社会产生深远的影响。数据挖掘是计算机科学的一个分支，POI 可以通过互联网或者企业获取：直接从一些专业类服务网站上抓取或者购买（例如美团、携程），或者直接从公开的地图服务上的标注中进行筛选和获取。这就是谷歌、百度、高德免费向社会开放其地图服务所能够获得的利益。尤其对于开放 API（空气污染指数）免费企业客户的使用，这种获取是很有价值的。

2. 武汉市建筑空间分布数据

目前武汉市主城区的建筑数据（建筑位置、轮廓、层数等）已经覆盖完善，从高德、百度等电子地图浏览器中都可以直观地获取城市的建筑三维空间，同时也可以通过其他网站获取。本书通过进入城市数据派网站购买了武汉市部分建筑矢量数据（shp 格式），数据更新时间是 2018 年第四季度，属性字段包括建筑名称、建筑层数、建筑轮廓，坐标系统为火星坐标。

3. 武汉市城市总体规划数据

《武汉市城市总体规划（2010—2020）》中，都市发展区的规划用地中呈现出若干规模不一的城市中心（以商业、行政用地集聚度为标准），即汉口包括江汉区、江岸、硚口、汉口火车站形成的组团；汉阳包括四新大道组团、王家湾、钟家村；武昌包括司门口、中南路、光谷、杨春湖。

2018 年武汉市进行新一轮的总体规划，即《武汉市城市总体规划（2017—2035）》，武汉市处于多重国家战略叠加的机遇期，与此同时进入到了工业化中后期向后工业化时期的重要转型阶段，处于经济、科教、社会和空间转型的关键时期，为抢抓机遇，推动城市转型，提出了"1331"的城市空间结构体系，如图 5.1 所示（图片来自《武汉市城市总体规划 2018—2035》)。

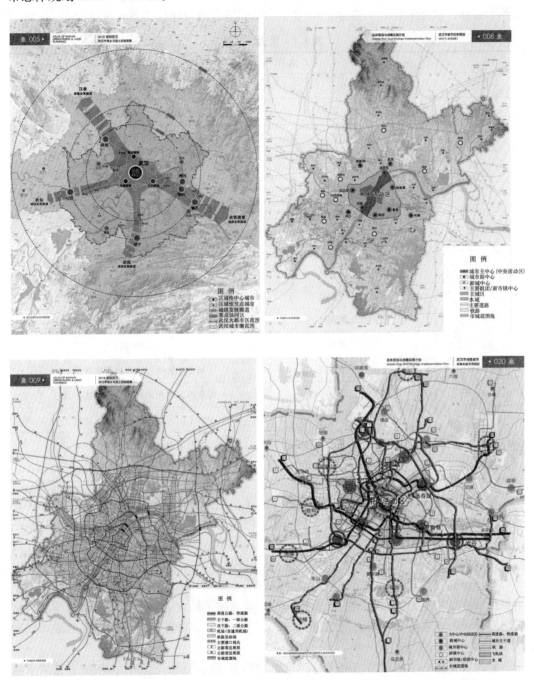

图 5.1 　《武汉市城市总体规划 2018—2035》

5.1.2　城市空间活力评估体系

依据科学性、层次性、可行性等原则，综合评价武汉市城市空间活力。为达到武汉市城市活力空间特征这一测度目标，分别从密度、可达度、生活便利度、经济发达程度和设施多样性等指标分别构建指标体系。各指标分别包含建筑密度、道路密度、POI 类型等子指标。最终形成 5 个指标、15 个子指标的综合活力评估体系,见表 5.1。

表 5.1　活力评估体系

活力评估体系		
指标	子指标	子指标内涵描述
密度	建筑密度	每个街区单元的建筑密度指数
	道路密度	每个街区单元的建筑密度指数
	容积率	每个街区单元的建筑密度指数
可达度	公共设施可达度	每个街区单元与大型公共设施的距离
	医疗保健服务可达度	每个街区单元与医疗保健设施的距离
	政府机构及社会团体可达度	每个街区单元与政府机构及社会团体的距离
	体育休闲可达度	每个街区单元与体育休闲设施的距离
生活便利度	生活服务便利度	每个街区单元的生活服务设施数量
	购物设施便利度	每个街区单元的购物设施数量
	餐饮服务便利度	每个街区单元的餐饮设施数量
	交通设施便利度	每个街区单元的交通设施数量
	科教文化便利度	每个街区单元的科教文化设施数量
经济发达程度	房产交易价格	每个街区单元的住宅价格均价
	公司数量及其集中度	每个街区单元的公司核密度估计值
设施多样性	POI 类型	每个街区单元的 POI 类型数量

　　建筑密度是指在一定区域内所有建筑物的基底面积之和与该区域总面积之比,是描述建筑面积占用率的重要指标,可以反映区域内的空地率和建筑密集程度,城市建筑密度作为城市土地利用的形态控制指标和综合性控制指标,与城市规划资源分配、居住区环境评估及土地使用效率具有密切的关系。

　　城市道路密度是指在一定区域内,道路网的总里程与该区域面积的比值,作为一个衡量区域内城市道路建设状况的重要指标,能够反映区域内道路的整体建设情况和区域间道路建设的差异。城市道路网的组织方式、连接度以及以道路为划分依据的城市肌理对城市活力影响巨大。

　　容积率是指一个区域内的地上总建筑面积与净用地面积的比率。容积率直接关乎居住与工作的舒适度和土地利用效率,根据土地使用性质的不同,容积率的大小对于人类活动的影响也不同。

　　公共设施可达度是指市民在其活动范围内到达公共设施的便利程度。城市公共设施作为城市公共空间的重要部分,在城市公共空间中以其多样的形式和完善的功能发挥着重要的作用。随着城市化进程的加快,人们对公共空间环境的要求越来越高,公共设施使用功能也更加突出便捷化。

医疗保健服务可达度直接反映城市居民到达健康医疗基础设施的便捷度，是城市居民健康生活质量的主要组成部分。医疗保健服务设施是城市市政基础设施中的重要组成部分，这些部分能够显著影响居民的身体健康与心理健康程度，其可达度表现了居民身心健康获得医疗救助的迅速程度，因此，医疗保健服务的可达性不仅能够反映城市居民在医疗保健获得的便捷程度，更是城市空间活力的一个重要测度指标。

政府机构及社会团体可达度反映的是市民参加社会活动与行政事务处理的便捷度，是市民维护自身权益、实现自我价值的有效途径。政府机构的便捷程度直接影响到行政、施政效率；社会团体的便捷程度保证了市民生活的丰富度。城市活力的一个重要体现就是城市市民权力和多元的社会活动得以开展。

体育休闲可达度是指市民在工作、休息之余参与到日常体育锻炼、休闲娱乐的方便程度。城市体育休闲是市民美好健康生活的重要体现：广泛开展全民健身活动，加快推进体育强国建设，将推进全民健身及健康中国建设摆在了重要的战略位置；意味着人们的生活水平得到了明显提高，人们越来越追求幸福生活，健康和休闲生活成为人们生活的必需品，城市的活力度也将相应提升。

生活服务便利度是指满足市民日常生活的服务设施（如水、电、气、网营业站点）的通达程度。从很大程度上讲，生活服务是保证城市生活安全的生命线设施和支撑系统。城市活力得以发展、持续存在离不开便捷的生活服务设施给以基础支持。

购物设施便利度代表了区域内进行购物行为活动的通畅性。以购物设施为吸引点，不仅是人流热度的集聚，在市民进行购物行为的过程中也存在着货币交易往来，其实质就是城市经济活力在购物中的体现。

餐饮服务便利度是指城市居民外出就餐、饮食的可达度。随着人民生活水平的日益提升，餐饮服务消费量日益庞大，便利的餐饮点可以提供给市民满意的餐饮服务感受，是城市活力直观的测度指标。

交通设施便利度是指到达城市交通设施包括城市各类交通枢纽、道路立交桥梁和相关建筑物设施等的效率，其布局的合理性决定城市发展的轮廓和形态，是其他内容可达度、便利度的基本载体。

科教文化便利度是指从事科学、教育、文化研究等的便利程度，与其他研究区域不同，以武汉为对象需要充分考虑其特殊性，即：武汉市是世界在校大学生数量最多的城市，同时，科教文化场所数量庞大，因此对于城市活力的影响力较其他区域更为显著。

房产交易价格间接反映城市不同区域的地价，反映城市土地利用效率。利用网络开放的房价数据，对比分析在相同时期内城区与其他区域的房价绝对值、变化量，得出城市活力的空间分异特征。

公司数量及其集中度是城市经济活力最具代表性的体现，特别是武汉作为一座国家中心城市，不仅有非中心城区的公司，更存在总部经济公司。公司的性质、规模、产业关联度与完整性等都可以作为城市经济活力的重要参考指标。

POI是空间地理数据的重要组成，它是指作为一种代表真实地理实体的点状数据，其包含经纬度、地址等空间信息和名称、类别等属性信息，具有大量、精确、实时等多方面优点，在节省大量研究成本的同时有效提高了数据分析的准确性与实时性，有利于地区城市活力多样性的研究分析。

5.2 武汉城市空间活力评估与空间格局研究

5.2.1 武汉城市空间活力指标评估

密度指标包括道路密度、建筑密度、容积率三个子指标，如图5.2所示。

1. 道路密度

①环中山公园一带特别是硚口区、江汉区、江岸区滨江（长江、汉江）商务区建筑密度较大。②东湖南岸及环南湖一带建筑密度较高。③沙湖以北和月湖以南滨江区呈带状连绵高密度区。④光谷广场以东存在较破碎的道路高密度区。

2. 建筑密度

从建筑密度空间分布可以看出：①在长江和汉江交汇处晴川桥一带建筑密度最高。②在沿长江南岸武汉长江大桥武昌一侧建筑密度较高。③其他区域随着距离长江的位置越远，道路密度呈对称（以长江为轴）均匀递减。

3. 容积率

①长江和汉江交汇地带——硚口区、江汉区、江岸区滨江（长江、汉江）商务区容积率较大。②汉阳大道两侧和武珞路两侧出现带形高容积率区。③沿友谊大道与二环线交汇片区和王家湾片区存在高容积率组团。④以光谷广场为中心周围出现高容积率斑块区。

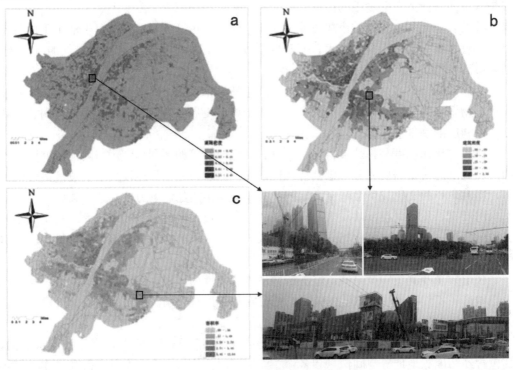

图5.2 武汉市密度指标

a. 道路密度；b. 建筑密度；c. 容积率

　　可达度指标包括公共设施、医疗保健服务、政府机构及社会团体、体育休闲服务四个子指标。这四项指标的空间特征和武汉市的河湖水系空间分布有关：即以长江和汉江为轴，各项指标随着距离江心的距离越远而可达度越低；同时武汉市主城区内存在着众多的湖泊（如东湖、沙湖、汤逊湖等），各项指标随着距离湖心的距离越远而可达度越低。从可达度指标空间分布情况来看，长江与汉江对可达度的影响规律比湖泊高，见图5.3。

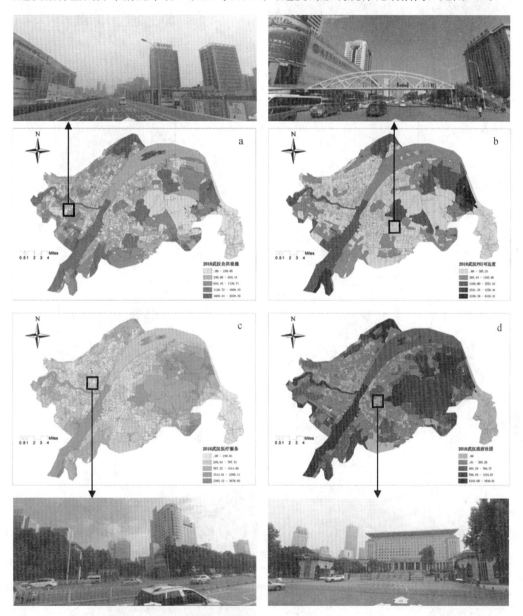

图5.3　武汉市可达度指标

a. 公共设施；b. 体育休闲服务；c. 医疗保健服务；d. 政府机构及社会团体

　　生活便利度指标包括生活服务、购物设施、餐饮服务、交通设施服务、科教文化服务五个子指标。这五项指标的空间特征和武汉市的主要城市道路空间分布有关：汉口硚口区、江汉区、江岸区所在的沿江大道—中山大道—解放大道—发展大道；武昌区和青山区所在的和平大道—友谊大道；汉阳区所在的汉阳大道—琴台大道；武昌区和洪山区所在的武珞路—珞喻路—雄楚大道生活便利度较高，同时，南湖片区和后湖—汉口火车站片区生活便利度较高，如图5.4所示。

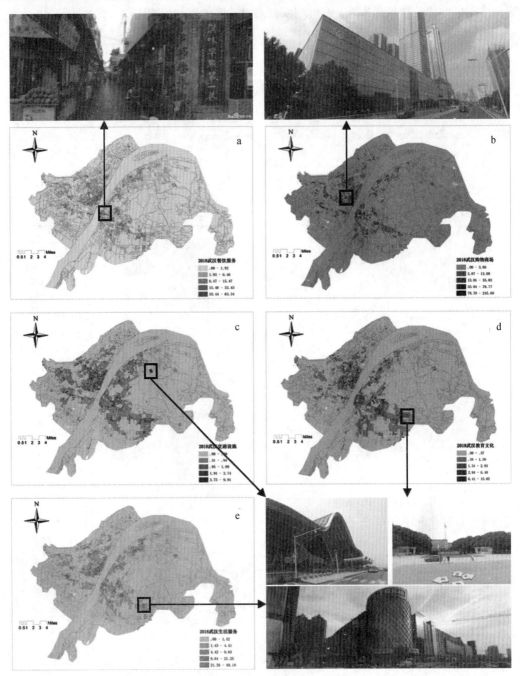

图 5.4　武汉市生活便利度指标
a. 餐饮服务；b. 购物设施；c. 交通设施服务；d. 科教文化服务；e. 生活服务

经济发达程度指标包括房价、公司两个子指标，如图5.5所示。

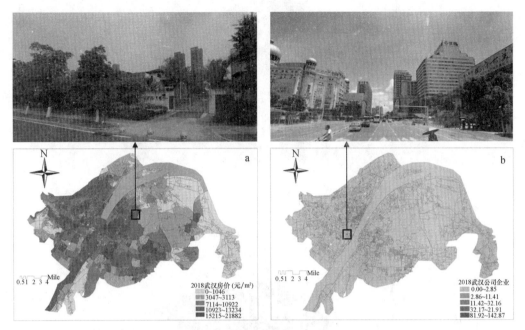

图5.5 武汉市经济发达程度指标

a. 房价；b. 公司

注：1mile＝1.61km。

房价较高的空间大都是武汉市重要的居住片区，总体呈现多中心的分布特征，包括汉口后湖居住片区、常青花园—百步亭片区、地铁范湖片区；武昌余家头片区、中北路—梨园片区、南湖片区、关山片区、金融港片区；其他地区为分布不规律的点状高房价片区。

公司企业较多的地区处于汉口地区，呈点状散布空间特征。武汉市总体公司企业较多区域基本是以光谷大道—珞喻路—武珞路—长江大桥—友谊路—新华路为轴线分布。汉口地区公司企业主要集聚在江汉区和江岸区，这些区域是汉口的老城区，也是汉口商业集聚的中心地带，这些公司集聚中心围绕江汉路商业中心以圈层形式向外扩散，而武昌地区则是沿武珞路两边紧贴主干道分布。由此可见，武汉公司企业要素的高活力集聚区的点状集聚格局呈"局部高度集聚＋整体中度集聚"特征。

设施多样性指标是以POI多样性（各空间位置的POI种类数）为依据的，可以大致看出武汉市主城区大片区域设施多样性较高且武昌高于汉口，汉阳最低；除城市外围区外，大部分地区POI种类数均高于10种，空间分布特征不明显，如图5.6所示。

5.2.2 空间活力分布格局

根据表5.1中对15个子指标的权重叠加得到2018武汉市空间活力分级分布图（图5.7），可以明显看出武汉市空间活力形成了"一片、三带、多中心"的分布格局。

一片：横跨硚口区、江汉区和江岸区的滨江（长江、汉江）中央商务活力片区。该片区南起于汉水末段（月湖桥—入江口段），北止于武汉长江二桥—武汉大道段，西止于解放大道。

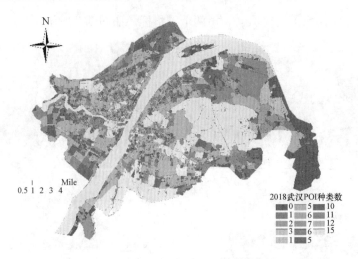

图 5.6　2018 武汉 POI 种类数

注：1mile＝1.61km。

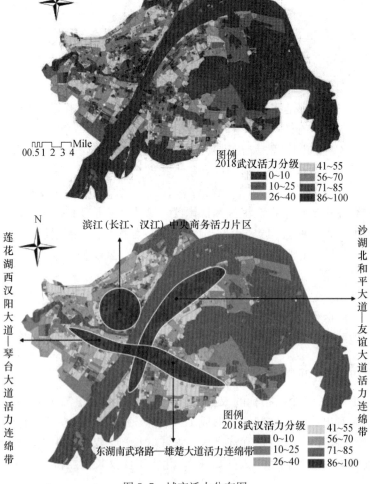

图 5.7　城市活力分布图

注：1mile＝1.61km。

　　三带：沙湖北和平大道—友谊大道活力连绵带；莲花湖西汉阳大道—琴台大道活力连绵带；东湖南武珞路—雄楚大道活力连绵带。

　　多中心：滨江（长江、汉江）中央商务活力片区是以友谊路—沿江大道—武汉长江隧道—京汉大道形成的单中心活力区。沙湖北和平大道—友谊大道活力连绵带包括徐东村中心活力区和建设一路—友谊大道—工业路—和平大道形成的2个中心活力区。莲花湖西汉阳大道—琴台大道活力连绵带包括汉阳大道与鹦鹉大道交汇处以及汉阳大道与龙阳大道交汇处形成的2个中心活力区。东湖南武珞路—雄楚大道活力连绵带包括中共五大会址周边、中南路—洪山广场、街道口、光谷广场形成的4个中心活力区。

5.2.3　武汉城市空间活力类型分析与多中心分布格局

　　从前文可以分析出武汉市空间活力形成了"一片、三带、多中心"的分布格局，由于武汉市各区城市职能的不同，各个活力中心的空间活力类型是不同的。具体而言，武汉城市空间活力类型可以分为商务中心、行政中心、教育中心、创新中心，见表5.2。

表 5.2　2014 年在汉预缴所得税 1000 万元以上的总部机构分布

	市直属	江汉区	江岸区	武昌区	武汉经济技术开发区	东湖高新技术区	青山区	汉阳区	东西湖区	硚口区	洪山区	江夏区
家数	4	6	4	4	6	4	4	2	6	1	2	1
行业分布	通信餐饮珠宝	金融商贸物流	金融商贸工程设计	金融工程设计	汽车装备制造	高新技术	钢铁冶炼	工程设计商贸	食品饮料	石油制造	市政工程	市政工程

　　商务中心：武汉总部经济发展能力在全国 35 个主要城市中居第 8 位，稳居中西部之首，并在基础条件、商务设施、研发能力、专业服务、政府服务和开放程度等多项指标评价中得分较高。以滨江（长江、汉江）中央商务活力片区为代表，其活力表现在商务交往活力，此片区存在着大量的总部经济，商业集聚度极高。

　　行政中心：武汉作为湖北省的省会，承接了全省大部分的省级行政机构办事处建设，其中以中南路—洪山广场为较为集中的片区。该中心包括：省委、省政府、省人大、省政协；省教育、科技、财政、住建、水利等十几个重要行政部门。为此，同济大学设计院曾为该地区做过城市设计，进一步增强了活该片区的行政性质的城市活力。

　　教育中心：近年来，武汉成为全世界在校大学生数最多的城市，大学生人数已逾百万。街道口作为武汉大学和华中师范大学（中国近代湖北最早的两所高等学府）的所在地，吸引了众多在汉大学生、海内外专家学者的到访（求学、游学、访学、交流、参观等），造就了其武汉市教育活力中心的代表性与典型性。

　　创新中心：以光电子信息产业为主导，集合能源环保、生物工程与新医药、机电一体化和高科技农业等产业，迅速使中国光谷成为武汉市的创新中心。光谷广场西接珞喻路，东联东湖新技术开发区，是重要的创新节点和交通枢纽，一方面吸引了大量科研机构、科技公司，另一方面高等人才密集，国际（会议）交流频繁，使其成为武汉市新的创新活力中心。

5.3　城市空间结构与功能布局优化战略

　　城市各中心组团往往具有强大的引力作用，同时也是片区范围内的活力中心，是多中心城市的节点基础。经过近十年的城市规划实践，以《武汉市城市总体规划（2010—2020)》为重要依据的城市开发得到贯彻落实，但是受诸多因素的影响，武汉市在长期的动态城镇化过程中，有些地区发展超过预期，而有些地区发展不够充分；不同发展要素出现点状、点轴、点面、面状等各异的空间结构特征，如图5.8、图5.9所示。

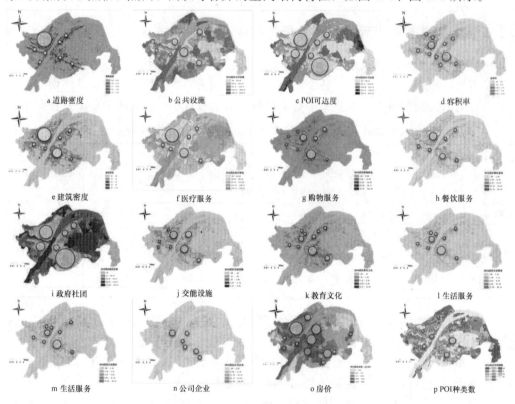

　　a 道路密度　　　　　b 公共设施　　　　　c POI可达度　　　　　d 容积率

　　e 建筑密度　　　　　f 医疗服务　　　　　g 购物服务　　　　　h 餐饮服务

　　i 政府社团　　　　　j 交通设施　　　　　k 教育文化　　　　　l 生活服务

　　m 生活服务　　　　　n 公司企业　　　　　o 房价　　　　　p POI种类数

图 5.8　子指标要素分析图

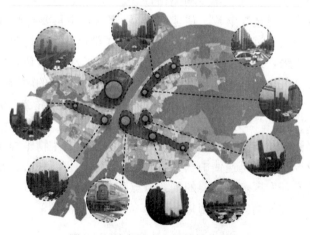

图 5.9　城市活力空间结构分析图

回顾上轮城市总体规划,对各子指标和综合活力进行分析,对接最新的 2018 版总体规划成果,提出以下优化策略。

1. 拓展和完善主城区中央活动区核心区

主城区建设:主城区指在三环线以内的中心城区,其主要职能、性质一是提高以国家中心城市为目标的综合竞争力,二是需要承担其对周边区域的辐射带动作用以谋求合作共赢发展的新常态,三是主打现代服务业和总部经济,四是提升城市空间环境品质。

武汉市 2035 规划中央活动区核心部分是指北起于谌家矶、南至四新的长江主轴和汉口中央商务区以及正在发展的武昌沙湖、司门口一带。从城市活力的现有分析结果来看,汉口 CBD 发展较为充分,要继续以长江为轴带形拓展北延到谌家矶,同时对接国家级新区(长江新城);汉阳钟家村、王家湾发展较为充分,但仅仅是长江主轴汉阳段的北起始点,因此要带状南延至四新,保证车都副城的健康发展,四新在上轮规划中本就是定位为城市副中心,此次最新规划依旧将其列入城市副中心,然而其现状城市活力较低,在规划落实中要予以重视。武昌方面,一是位于长江以南的主轴活动区在北部沙湖、徐东、青山一带已经发展了若个活力点状中心,要充分利用扩散效应,带动由点到面的活力拓展;二是司门口、中南路、珞喻路等同样是区域的活力点状中心,需要拓展和完善成为与汉口 CBD 同等规模不同性质的核心活动区;三是启动司门口南长江主轴的活动区建设,这一区域现状基本不具备城市活力的性质,属于新区开发,因此要特别注意开发过程中产生机理对城市活力的影响,除此之外其区域功能也是重点考量的方面。

2. 加强和弥补城市副中心、新城组群建设

副城市中心建设:车都副城、临空副城、光谷副城 3 个城市副中心,分别承接武汉市先进制造业中心、物流中心和创新中心的职能,充分发挥规模经济、集聚经济作用,板块化组织空间、突出产业职能、完善基础设施配套、支撑系统。

新城组群建设:东部、南部、西部 3 个新城组群,加快近郊区城乡产业融合和宜居宜业发展,推动组团化空间、特色化发展的宜居宜业新型城郊关系。

3. 加快交通网络和慢性系统建设

一方面,在街区尺度下城市肌理会影响城市活力,而城市肌理最初是由城市道路所决定的,现代城市的宽马路、少交叉口设计恰恰是城市活力的最大公敌,道路再宽也解决不了城市交通问题,因此在新城建设过程中一定要持续地对公共空间、步行系统、次干路、支路、小路进行细化,提高片区的道路网密度。近期要重点对三环线以内地区的道路细化,对于不同发展程度的片区中心要区别对待;远期要在“1331”的布局结构内实现高效而快行、慢行结合的道路系统。

另一方面,武汉市除了道路交通以外,对内交通要特别注意开发轨道交通和轮渡交通。近 20 年来,武汉市大力发展轨道交通,每条地铁线的开通运营,都为城市经济发展带来巨大活力,市民享受着密集轨道交通网络带来的便利。如今,轨道交通线网运营里程较 15 年前增长了 30 多倍,达到 318 千米;日均客运量较 15 年前增长了近 500 倍,达到 360 万乘次,分担武汉公共交通客流量超过 45%。四通八达的地铁已成为城市公共交通的主力军,成为大武汉不可或缺的生命脉络,成为市民市内出行或出城前的首选交通工具。在今后很长一段时间内,城市轨道交通仍然会影响城市各中心、副中心、副

城市群、新区的发展，也是各中心的直接联通工具。

目前，武汉市轮渡总航线共 12 条，其中为市民提供交通性质的只有武中线、集中快线、青天线 3 条，其票价低廉实惠，其余线路则是观光线路，不具备交通性质；随着长江主轴、长江新城的提出，沿江发展的中心活动区随着交往密集，武汉市的轮渡系统也应该重新定位，发挥其多元作用。一是开通多条民用航线，在江南、江北各个城市副中心区附近布置停靠码头，增加主轴航流；二是缩短开航时间，增加航次，现有的武中线、集中快线开航间隔为 20 分钟，而其他航线在半小时到两小时不等，等待时间过长，影响通勤效率。三是合理制定票价，对于旅游观光和民用通勤区别对待的同时，考虑受众的消费意愿，目前航线售价在 1.5 元至 100 元不等，受航载量、航途等要素的影响售价不够合理，在未来建设过程中要尽量保障各社会成员对于观光型长江轮渡的满足感，从而打造城市名片。

5.4　本章小结

本书基于武汉市空间，构建适合武汉市的活力空间评估体系，结合武汉市 POI 大数据，对武汉市进行空间活力评估和空间格局的研究，并进行城市空间结构与功能分布的优化战略研究，得出以下结论。

（1）为达到武汉市城市活力空间特征这一测度目标，分别从密度、可达度、生活便利度、经济发达程度和设施多样性等指标分别构建指标体系；各指标分别包含建筑密度、道路密度、POI 类型等子指标；最终形成 5 个指标、15 个子指标的综合活力评估体系。

（2）从 2018 武汉市空间活力分级分布可以明显看出，武汉市空间活力形成了"一片、三带、多中心"的分布格局。

（3）根据武汉市各区城市职能的不同，各个活力中心的空间活力类型是不同的。具体而言，武汉城市空间活力类型可以分为商务中心、行政中心、教育中心、创新中心。

本书基于城市活力指标体系的构建分析武汉市活力空间的分布研究，以此进行武汉市空间的优化战略研究。但是，在构建活力指标体系时还存在考虑的因素不够全面的问题，对城市活力空间的发展分析，只考虑了横向的数据分析，而缺失了纵向的分析，忽略了武汉市长时间发展造成的活力空间的变化机制。今后将对活力空间的指标体系进一步完善，并结合多方面以多个角度进行更加充分的分析，来解析武汉市的活力空间的发展机制。

6 基于多因子评价的城市居住空间控制分区

6.1 基于多因子评价的城市居住空间控制分区概述

本章主要运用多因子评价的方法进行城市居住空间的高度控制分区的划分，具体的方法如图 6.1 所示。

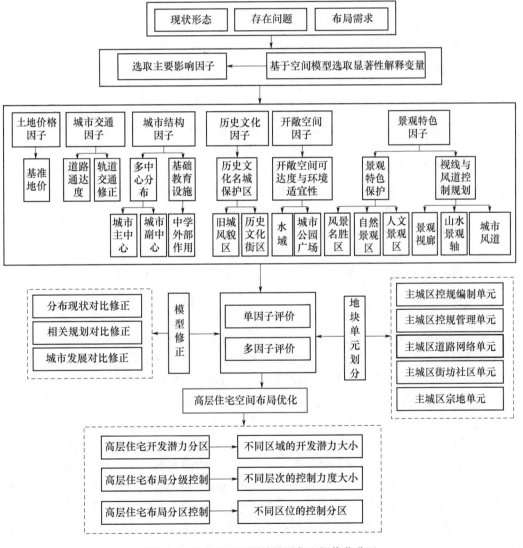

图 6.1 基于多因子评价的居住空间优化分区

6.2 武汉市多中心空间形态与高度分区

城市扩张可分为内向扩张和外向扩张。城市内向扩张是指城市扩张的向心力导致城市内部的集聚力不断增加，城市内部土地数量的限制导致居住用地土地利用效率的提高，体现在居住建筑高度的不断增加；城市外向扩张则是城市外向力促进城市居住空间利用向城市边缘以外扩散，虽然降低了城市改造的成本，但是增加了居民的通行成本和通行时间。

当同级别的城市中心非常邻近时，两个城市中心相互影响，其影响范围与单中心城市不同。本书根据城市中心周围缓冲区的平均建筑高度的等高线图表示居住空间分布格局。建筑高度从城市中心到城市外围都是逐渐降低，但是从单个中心向城市外围呈圈层逐渐下降，而多中心的城市结构从中心圈层到外围圈层，建筑高度的下降程度更加缓慢。同时，多中心城市格局的城市中心的影响范围要大于单中心城市格局。例如，多中心城市格局的建筑高度的等高线范围更大，同样是最高值高度区，多中心城市的最高值区范围要大于单中心城市的最高值区范围。

单中心城市结构与多中心城市结构有着明显差异，不仅体现在城市中心的级别，还体现在城市中心的空间分布。多中心城市中，不同的城市中心的级别不同，可以分为城市主中心和城市副中心。不同级别的城市中心，会导致不同的城市空间结构。根据武汉市的居住空间集聚分布格局和武汉市城市总体规划的城市结构显示，武汉市呈典型的多中心城市结构，同时，武汉市的城市主中心主要集中在城市总体规划划定的区域中心，城市副中心主要在主城区边缘，邻近于城市三环线。城市主中心和副中心的影响力不同，主要表现在不同缓冲区的平均建筑高度的下降程度和下降范围。

由图 6.2 可以看出，同样的缓冲区范围，城市主中心周围的缓冲区内的平均高度要高于城市副中心。例如，同样是距离缓冲区范围内，城市主中心 500 米范围的住宅建筑平均高度为 29 层，而城市副中心 500 米范围的住宅建筑平均高度为 24 层。随着与城市中心的距离的增加，各圈层缓冲区内的住宅建筑平均高度呈梯度下降趋势。但是，平均建筑高度随着与城市中心的距离的增加而呈现不同的下降程度，从距城市主中心 500 米到 6000 米的缓冲区范围，平均建筑高度从 29 层直降到 4 层；从距城市副中心 500 米到 6000 米的缓冲区范围，平均建筑高度从 23 层直降到 2 层。两者相比较可知，城市主中心周围建筑高度要高于城市副中心的平均建筑高度，同时，其下降范围也要延迟于城市副中心的下降范围。这也符合地理场模型所评估的城市主中心和城市副中心的外部影响作用的大小，即城市主中心的外部影响作用要强于城市副中心。城市主中心周围建筑高度的下降速度要慢于城市副中心周围的建筑高度的下降速度，同时城市主中心的下降范围要大于城市副中心的下降范围，反映了城市主中心的外部影响力要大于城市副中心。

城市中心的间距也能直接影响城市空间形态，间距的大小直接导致城市居住空间呈现集聚格局、跳跃式发展格局。城市中心之间的间距在地理场模型所评估的影响距离阈值之内时，两者之间会相互影响，如图 6.2 所示，两个城市主中心邻近时，两者之间影响力增强，相互影响导致集聚程度增加，居住空间形态呈现集聚效应，居住空间逐渐向城市中心集聚，城市中心的集聚程度会更高，垂直维度的空间利用效率也会不断提升。同时，城市中心不同的规模和级别影响城市居住空间的集聚程度和扩散程度。如图 6.2

所示，两个邻近的城市主中心，两端的建筑高度的梯度下降程度相同；两个相邻的城市中心的级别不同时，一个是城市主中心，另一个是城市副中心，城市主中心一端的建筑高度的下降速度要慢于城市副中心一端的下降速度。

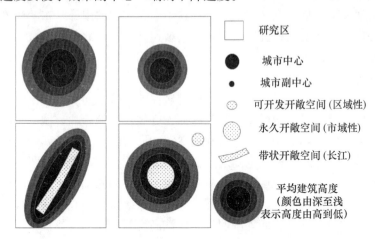

图 6.2　居住空间结构示意图

相反，在多中心结构的城市中，城市中心之间的间距足够大时，居住空间会形成跳跃式发展格局。这种跳跃式发展的城市格局中，城市住宅建筑高度等高线布局是从城市中心向外围逐渐递减，两者之间没有交集，相互影响程度极小。

开敞空间对城市空间结构和居住空间形态也有明显的影响。从宏观层面的城市形态看，城市建设用地多密集在江岸和湖岸，居住建筑也多趋向于向这些大型开敞空间附近集聚。以长江为参照物，以 500 米作为缓冲区分析，这些缓冲区内的住宅建筑高度呈梯度变化，平均建筑高度从长江附近的区域向外围呈梯度下降，证明长江附近的居住用地的土地利用效率更高，居住空间利用在长江这类大型开敞空间附近的区域向垂直维度扩展。在江岸或者湖岸边，会建造一系列的开敞空间设施，例如江滩等，这些开敞空间和基础设施使得居住者更倾向于集聚在靠近这些开敞空间的住区，居住开发强度在这些开敞空间附近要高于其他地域（图 6.3）。

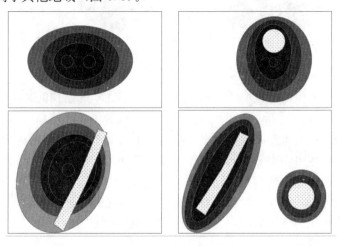

图 6.3　居住空间结构与高度分区示意图（一）

当开敞空间距离城市中心较近时，会对其外围建筑高度的空间格局有明显的集聚作用力，例如城市副中心鲁巷中心与东湖所形成的居住空间格局；如果开敞空间距离城市较远，达到一定程度时，城市会呈现跳跃式发展，例如城市主中心王家墩中央商务区与东湖所形成的居住空间格局。城市副中心鲁巷中心在东湖的南部，东湖和鲁巷中心外围的平均建筑高度从两者最邻近的区域向外围逐渐递减。东湖北部的区域，平均建筑高度的下降速度要快于城市中心南部的下降速度。这表明，在一定的范围内，东湖外围的建筑高度下降速度较快，而城市中心外围的建筑高度下降速度较慢。同时，长江与武汉广场中心所影响的建筑高度的空间分异规律也直接反映开敞空间邻近城市中心的居住空间形态。城市主中心武汉广场中心位于长江西部，受到长江的影响，城市中心周围的高层建筑向长江方向扩散，相对于单中心无开敞空间的城市结构，邻近开敞空间（长江）导致城市中心（武广中心）周围住宅高度的梯度下降范围扩大，等高线图呈现其等值高度的下降范围直接由圆形扩大为椭圆形，同时，城市中心的西部的下降速度要缓于长江东部。当开敞空间距离城市中心较近时，开敞空间会减缓城市中心外围建筑高度的梯度下降速度和范围，同时，开敞空间外围的住宅建筑高度的下降速度要快于建筑高度从城市中心向外围的下降速度。

当开敞空间距离城市中心较远时，或者两个大型开敞空间相距较远时，两者各自影响其周围区域的建筑高度，城市居住空间结构呈现跳跃式发展的格局（图6.4）。

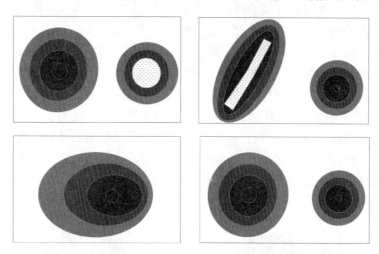

图6.4　居住空间结构与高度分区示意图（二）

不同级别或者规模的城市中心和开敞空间，对居住空间结构的影响也是不同的。级别越高或者规模越大的城市中心和开敞空间，其周围的住宅建筑高度越高。例如，相同距离的缓冲区内，城市主中心周围的平均建筑高度要高于城市副中心，表明城市主中心的集聚效应要大于城市副中心。同理，作为开敞空间的长江，其沿江两岸的平均建筑高度大于环东湖区域的平均建筑高度。

本节主要论述开敞空间和城市中心对居住空间的建筑高度的影响，以及这些因素引起城市空间结构变化的作用机制，为下文居住空间控制分区中评价因子及其量化方法等相关内容提供选择依据。

6.3 武汉市居住空间控制分区与建议

6.3.1 评价单元的选取

对于空间分析和控制分区而言，分区不同的分析单元和尺度的选取，对于研究结果具有非常显著的影响。如果评价单元的面积过大，那么评价的结果则更趋于表现出宏观规律；如果评价单元的面积太小，斑块太破碎，将导致评价的结果表达的规律太微观，根据评价结果反而不易探索出明显的空间分布规律，无法准确提取合适的控制分区。因此，在空间分区的研究中，必须选取合适尺度的评估单元来提取控制分区（图6.5）。

对于城市空间结构和居住空间形态的相关研究来说，某一种尺度能够解释其相应的变化规律；或者说，特性的空间分异规律是建立在一定的采样尺度基础上的。在本书的研究中所强调的大尺度（coarse scale）是指较大的空间范围，可以对比成小比例尺或低分辨率；本书强调的小尺度（fine scale）常指小空间范围，往往对应于大比例尺或高分辨率。本书对比不同尺度的评估单元，进行准确的高度控制分区。由图6.5可知，图a以宗地为评估单元，图b以主城区控规编制管理单元为评估单元，图c以主城区控规编制单元为评估单元，图d以均匀网格为评估单元，图e以道路网络单元为评估单元。图c主城区规划编制单元尺度最大，图b主城区规划编制管理单元则是在主城区规划编制单元上的细分，而图a宗地评估单元与图e道路网络单元能表达更加微观的空间规律。均匀网格单元则是运用均匀的网格线划分研究区域，而且研究还可以根据网格的大小来划分研究区域，比如100m×100m的网格、500m×500m的网格、1000m×1000m的网格等。

在城市内部的空间研究中，需要选择合适的尺度进行空间分析和控制分区。对于城市内部的宗地和建筑物来说，当评估单元是大小均匀的网格时容易将完整的宗地斑块或者建筑物斑块切分，造成城市空间分析的误差。主城区规划编制单元和规划编制管理单元的尺度过大，无法表达城市内部的微观结构，也不能准确表达城市内部的空间分异规律；宗地评估单元与道路网络单元更适合表达城市内部的空间分异规律。再者，就斑块均匀程度而言，道路网络单元比宗地评估单元更加均匀，同时，道路网络单元所划分的斑块比宗地单元和均匀网格单元更能表达城市内部的微观形态。综上所述，本书选取道路网络单元作为高度控制分区的基本单元。

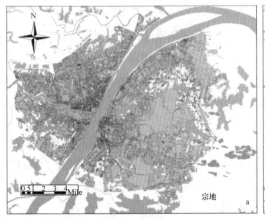

宗地 a

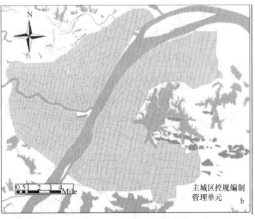

主城区控规编制
管理单元 b

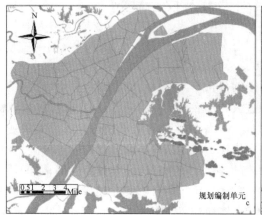
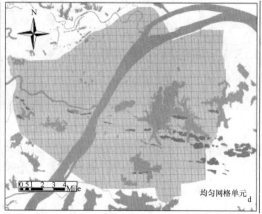

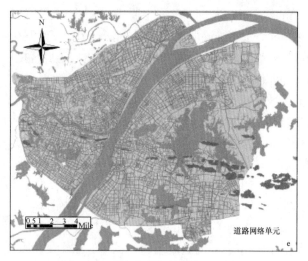

图 6.5 不同尺度的分区单元示意图

注：1mile＝1.61km。

6.3.2 单因子分析

1. 土地价格因子

本书是以武汉市土地价格作为城市高层住宅布局的重要影响因子。土地价格因子的分值运用基准地价来评估。基于 GFM-Autologistic 空间模型筛选的显著性影响因子的结果，以及各城市在高层建筑控制规划中土地价格的作用，笔者认为基准地价与高层住宅开发的影响力呈正相关关系。基准地价越高的区域，要求城市土地利用效率更高，建设高层住宅的动力越大。

根据武汉市 2012 年发布的基准地价，住宅用地地价分为 7 级，分别为 11635、7871、5411、3882、2731、1967、1634 元/平方米。根据住宅用地基准地价的 7 级计算土地价格因子的作用分值，分别为 1 分、0.677 分、0.465 分、0.334 分、0.465 分、0.169 分、0.140 分；其他地区则为 0 分。土地价格因子评价如图 6.6 所示。

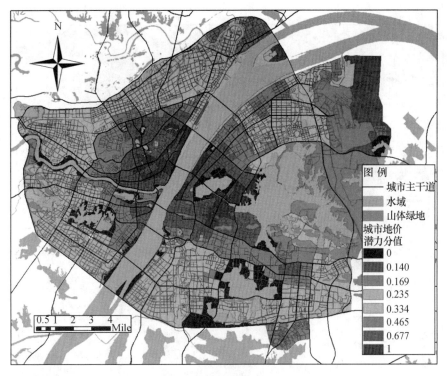

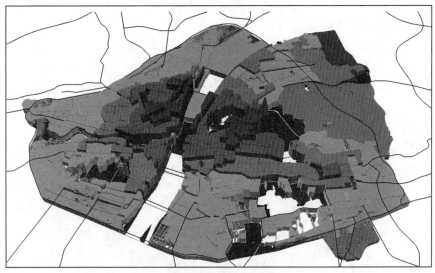

图 6.6　土地价格因子评价图

注：1mile＝1.61km。

2. 交通通达度因子

（1）城市主干道可达度。

本书运用城市主干道的可达度计算评估单元的交通通达度。城市主干道的可达度可以反映城市交通可达度，进一步反映城市开发密度和城市功能区布局。运用高分辨率遥感影像数据解译出来的城市道路，结合城市交通实地调查数据以及城镇土地利用调查数据，计算不同评估单元内的交通通达度（图 6.7）。

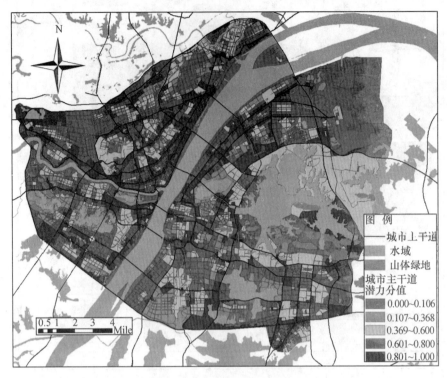

图 6.7　城市主干道可达度因子评价图

（2）城市轨道交通可达度。

城市轨道交通也是显著影响土地利用效率与城市建筑高度的基础设施。武汉市的轨道交通线路近年来才逐渐完工，轨道交通系统逐步完善。因此，将武汉市的轨道交通作为修正因子。以轨道交通站点为圆点，作缓冲区分析，最大影响距离为 1000 米，运用地理场评估的方法将其标准化为潜力分值（图 6.8）。

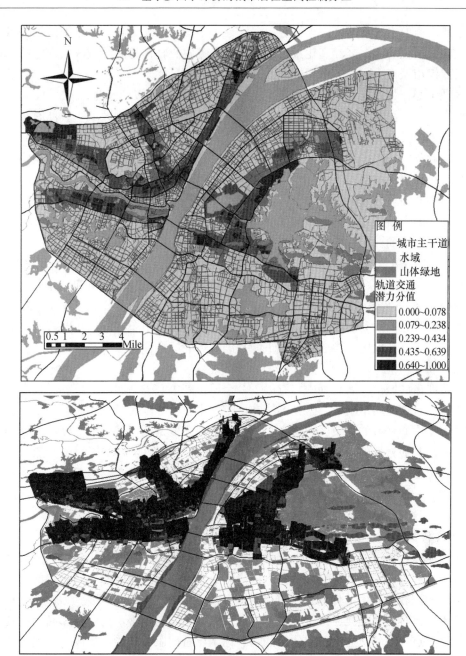

图 6.8　城市轨道交通可达度因子评价图

注：1mile＝1.61km。

3. 城市功能性因子

（1）城市结构因子。

主城区以体现区域中心职能、提升城市品质、满足市民需求为目标，构建区域中心—城市副中心—组团中心—社区中心的四级中心结构体系。

① 区域中心。

武汉市的区域中心，主要分布在武汉市的一环线以内，是经济活动的主要区域。它是基于武汉市的中央活动区，主要服务武汉市、中国中部地区和全国其他区域，具有重大的战略性区位功能。滨江文化景观轴和垂江商务中心轴作为武汉市区域中心的重要轴线，是武汉市城市主中心的重要标志。

区域中心作为武汉市的城市主要的经济中心区域，直接位于地铁二号线的中心区域，横贯长江，主要是发展金融行业、商务服务，提供大型购物区域等。同时，此区域还是武汉市各类交通的枢纽，将汉口区域的主要商业区、武汉市中央商务区、武昌的商业中心、武汉的行政中心区域连接成一个整体，并且向外围扩展，形成高层空间高效利用的城市区域集聚中心。

汉口中心商业区以新华片为主体，以武广大型商业中心为依托，以中山公园为开放空间景观中心，沿其西、南侧方向发展，整合提升周边医疗、会展、体育、文化设施水平，形成以大型商业为特色、公共服务职能综合发展的综合性中心商业区。

王家墩商务区依托建设大道一线已形成的金融商贸功能，在王家墩中心地区集中布局金融商务、贸易咨询、会展信息、商业服务等区域性重大设施，建设服务中部的商务中心区。

中南路商务办公区以洪山片为主体，以中南路商务设施为依托，以洪山广场为开放空间景观中心，向沙湖南岸扩展，通过旧城改造手段，集中布置现代化的行政商务、酒店服务、文化体育设施，形成辐射城市圈和湖北省的综合性商务中心区。

② 城市副中心。

在武汉市的城市发展规划中，有以下 3 个城市副中心——四新、鲁巷、杨春湖城市副中心，而且这些城市副中心紧紧围绕在城市主中心的外围区域，作为联通城市边缘区域和城市主中心区域的集聚区。这 3 个城市副中心主要是利用其周边的经济活动和产业基础，突出其地方性的经济优势和特色，从而形成区域性的集聚中心：a. 四新城市副中心主要位于沌口经济开发区，扩展其有力的汽车加工制造行业，形成工业和商业主导的发展主线，加强电子加工制造业和区域服务型行业的集聚程度，同时为此地区配设一系列的基础教育、生活休闲、交通购物、医疗卫生等城市基础设施，促进区域的高度发展。b. 鲁巷城市副中心紧邻东湖高新技术开发区，注重培养一系列的高科技人才，发展高科技产业，促进科学研究和高等教育的集聚，加强地区的信息化建设，促进区域内高科技产品和服务的高度集聚，从而形成高新技术产业的集聚中心，同时为此地区配设一系列的基础教育、生活休闲、交通购物、医疗保险等城市公共服务设施。c. 杨春湖城市副中心具有明显的交通区位优势，高速铁路客运站的坐落，高速路和高架桥的建设与布局，重点规划的交通枢纽、休闲购物、休闲旅游的服务功能，形成中部地区的综合性客运枢纽和旅游服务中心。除了较优的交通设施，杨春湖城市副中心还布局了一系列的医疗卫生、商业购物、酒店住宿等基础设施，用于配套服务于青山区的其他区域。

城市结构因子评估的主要依据是城市中心的分布格局。城市结构一般可分为单核心模式、扇形模式和多核心模式。不同的城市结构，其城市中心和相关城市分区具有不同的城市区位和城市功能。武汉市主城区已经发展成为典型的多中心结构，不同的城市中心具有不同的职能和区位，同时其影响力主要是从中心向外围圈层递减，呈距离衰减规律。本书评价城市结构因子的分值是根据不同城市中心的外部作用分值来计算的，运用地理场模型评估其外部作用分值，作为高层住宅开发的潜力分值，取值范围为 0～1（图 6.9）。

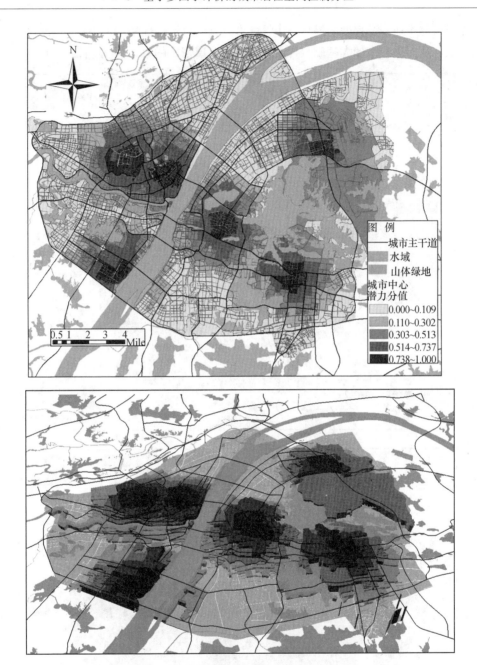

图 6.9 城市结构因子评价图

注：1mile=1.61km。

（2）基础教育设施因子。

本书评估地块在基础教育设施因子影响下的分值是基于中学可达度进行评估的。运用地理场模型基于最大影响距离阈值来评估中学的外部作用分值。从中学周围的可建区开始向外围扩散时，随着与中学之间的距离的增长，建筑的集聚度呈总体下降趋势，不同缓冲区内的平均建筑高度也呈下降趋势。这种集聚分布特征是与居民生活习惯和居住偏好有关的，居民更倾向于住在距离中学更近的区域，导致中学附近的居住空间需求的增长，从而促使周围居住用地开发程度的提高。中学教育设施的可达性促使居住空间利用不断向垂直方向发展，从而进一步加大基础教育设施周边的高层住宅的集聚程度（图 6.10）。

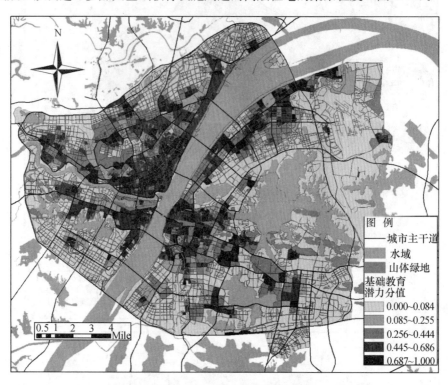

图 例
—— 城市主干道
　　水域
　　山体绿地
基础教育
潜力分值
　0.000~0.084
　0.085~0.255
　0.256~0.444
　0.445~0.686
　0.687~1.000

图 6.10　基础教育设施因子评价图

注：1mile＝1.61km。

4. 开敞空间因子

开敞空间的可访问性也显著影响在垂直维度的居住空间利用效率。例如，长江、东湖，其他普通的湖泊，以及市级公园和城市广场的可达性，与住宅开发强度和潜力有明显的相关关系。长江的可达性影响住宅区块的建筑高度和紧凑度。大量的高层住宅建筑在长江和湖泊附近建造。住宅区块的建筑形态也有明显区别，靠近长江河流附近的住宅小区内部的建筑物更加紧凑。因此，开敞空间的可达性对居住空间的利用效率呈正向相关，即与居住空间的高层开发潜力呈正向相关。

（1）长江的外部影响作用因子。

长江的外部影响作用分值评估是依据长江的可达性来计算的。在与长江的距离的基础上，运用地理场模型，利用距离衰减规律，评估长江的外部影响作用分值，分值范围为0~1（图6.11）。

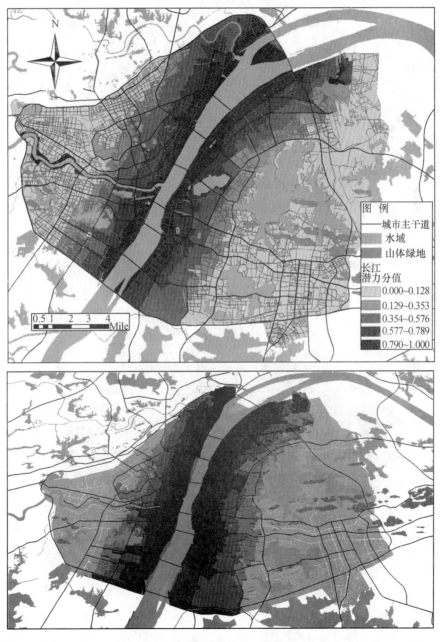

图6.11 开敞空间因子（长江）的评价图

注：1mile＝1.61km。

（2）城市湖泊的外部影响作用因子。

城市湖泊的外部影响作用分值评估是依据湖泊的可达性来计算的。在与城市湖泊的距离阈值上，利用距离衰减规律，评估湖泊外部土地的高层住宅开发的潜力分值，分值范围为0~1（图6.12）。

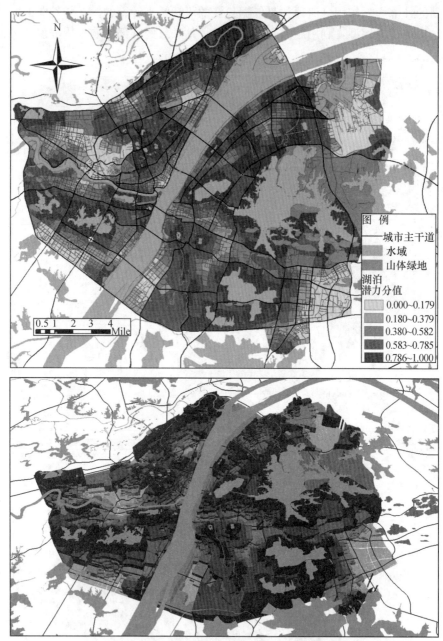

图 6.12　开敞空间因子（城市湖泊）的评价图

注：1mile＝1.61km。

（3）城市广场的外部影响作用因子。

根据皮尔逊相关分析和空间模型比较分析发现，开敞空间因子的外部影响作用分值与区域平均建筑高度呈正相关关系，即开敞空间的可达性与区域平均建筑高度呈正相关关系。开敞空间因子的可达性运用地理场模型评估开敞空间因子的外部影响作用分值，以此作为高层住宅开发的潜力分值，分值范围为0~1（图6.13）。

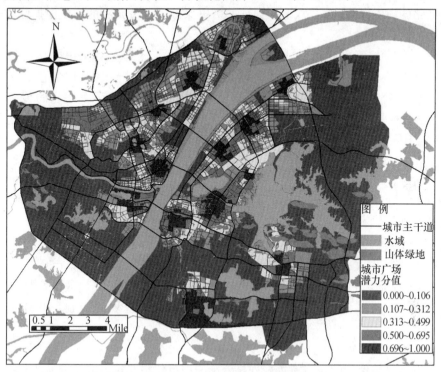

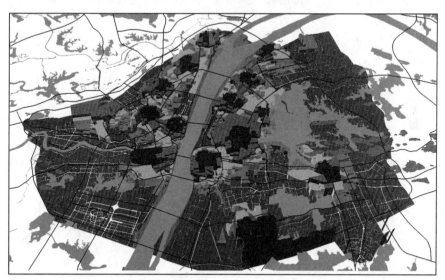

图6.13 开敞空间因子（城市广场）的评价图

注：1mile＝1.61km。

5. 历史文化因子

（1）历史文化名城保护。

根据武汉市主城区的历史文化名城保护政策，在武汉市的主城区内，有以下历史文化名城保护区：江汉路及中山大道片、青岛路片、"八七"会址片、一元路片、首义片、农讲所片、昙华林片、洪山片、青山"红房子"片、珞珈山片。这 10 个片区中，有 5 个片区还是作为历史文化重点保护街区进行保护的，包括江汉路和中山大道的历史保护区、青岛路的历史保护区、"八七"会址的历史保护区、一元路的历史保护区、昙华林的历史保护区。

历史文化保护区内建筑物的保护是非常重要的，这是对其历史文化的传承。历史文化保护区内建筑物的排列方式、建筑形态、构造工艺、建筑体颜色、建筑体大小、建筑体的容量等都是还原当时历史环境的重要指标，在历史文化的传承中，必须要保证历史文化区内这一系列的建筑特征的原始性和完整性。因此，在这些建筑物的保护与维护过程中，其周边区域的建筑布局和建筑强度也受到一定程度的抑制，这些周边地区的居住空间开发必须维护保护区内的建筑物的排列方式、建筑形态、构造工艺、建筑体颜色、建筑体大小、建筑体的容量、采光、通风，更重要的是周边居住建筑与保护区内的居住建筑必须协调一致，避免造成城市风貌与历史特色的冲突。因此，在历史文化名城保护地段，会严格控制城市建筑高度，甚至禁止开发高层建筑。

根据城市历史文化名城保护规划，武汉市主城区内的 10 个城市历史文化名城保护片区内部高层建筑控制力度极为严格，本书评价这些保护片区的高层住宅的开发潜力分值为 0；其他地区没有受到历史文化名城保护规划的控制，其开发潜力分值为 1。

（2）旧城风貌保护。

对于旧城风貌保护的城市特色规划显著影响城市住宅建筑高度。旧城风貌区的保护主要是对城市空间形态的保护，对于城市风貌的历史性、完整性和城市特色的保护。在本书中，作为参考的旧城风貌区一共有 4 个：汉正街传统商贸风貌区、汉口原租界风貌区、汉阳旧城风貌区、武昌旧城风貌区。

武汉市的历史悠久，为了保护武汉市城市历史的连续性和城市的完整性，对城市的旧城风貌区进行一定程度的保护。通过对旧城风貌区的保护，能够将城市的肌理、文化、历史事件与城市的建设布局相结合，能够合理地布局城市建筑与居住空间开发，从而进行城市建设的密度控制和高度控制。基于相关的城市旧城风貌区保护规划与政策管理文献，大型的城市公共设施不能够在城市旧城风貌区建造，以防止其对城市风貌和肌理的破坏。当城市道路管线和基础设施的建设与城市历史古迹、旧城文化建筑以及旧城风貌要素的保护存在一定的冲突时，应该以考虑旧城风貌的保护为前提，采用地下建设的方式，同时应加强防灾设施建设。因此，旧城风貌保护区内的居住空间的开发受到很大程度的限制，但是其限制程度不如历史文化保护区的保护力度大，有一定的弹性空间。

城市旧城风貌区的保护规划对其区域内部的城市开发城区具有一定的限制作用，但是其控制力度不如城市历史文化名城保护区大，因此，本书评估城市旧城风貌保护规划影响下的高层住宅开发潜力分值。旧城风貌保护区分值为 0.7，非旧城风貌保护区分值为 1，而城市历史文化名城保护片区的开发潜力分值还是 0（图 6.14）。

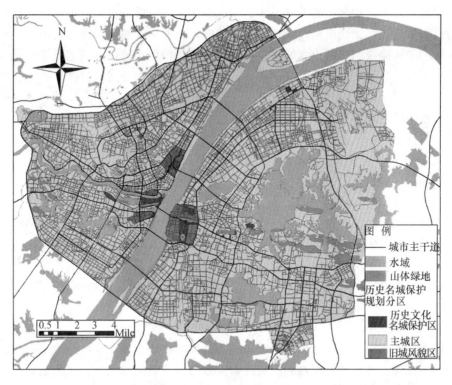

图 6.14 历史文化因子评价图

注：1mile=1.61km。

6. 景观特色因子

（1）景观带的建设。

① 景观轴线。

从武汉市空间结构和居住空间形态出发，根据武汉市城市景观特色的相关研究，划定了城市主城区的主要景观轴线。这些景观轴线注重协调其山水景观功能和建筑景观功能。主要是沿着长江和汉江的沿岸连线、城市山体连线形成主要的山水轴线，然后与相应的城市旧城风貌区、城市东湖风景区等相呼应，形成主要的城市风貌特色，同时注意这些区域的联通路线的交通设施的建筑，从而构成城市景观特色的基本骨架。景观轴线主要是从汉口火车站出发，沿着汉口的中心区域向武昌的中心区域过渡，贯穿洪山广场和武汉市东湖景区，从而连成武汉市的景观建筑轴线，同时突出城市人文景观的连续性，布置相应的高层建筑区和低层建筑区。居住空间的利用程度在这些景观轴线的保护区域受到不同程度的限制。

② 沿江景观带。

长江和汉江的沿岸带能够充分获得江水景观功能，从而最大限度地实现自然资源的开敞空间的功能，对居住空间的建筑景观和人文景观具有很大程度的完善作用。结合汉江两岸地区规划控制汉江景观，逐步建设汉江江滩，进一步提升沿江景观整体形象。因此，沿江景观带的居住空间可开发区域能够受到沿江景观的促进作用，导致居住空间的高效利用，从而明显加速此区域的居住空间的垂向发展。在城市江水沿岸区域，还能够大量布置文化建筑群、商业建筑群、文化娱乐建筑群，以促进城市建筑景观特色的形成。

③ 城区景观环线。

武汉市的城市环线是联通城市内部与城市外部的主要交通设施，而城市环线也是连接城市景观廊道与城市各景观点的重要因素。城市开发者和规划者在保护景观环线的前提下，在这些景观环线的附近区域，更易布局高集聚度的居住空间开发，从而适度地提高居住建筑高度，加大地区的居住空间供给以满足城市居民的空间需求。

（2）景观视廊控制。

注重对景观视廊保护及控制，必须加强望江、望湖的视线走廊的控制，在长江两岸保留 3 条望江视线走廊：黄鹤楼—长江一桥—南岸嘴；汉口中心区—武昌中心区—沙湖公园—水果湖—东湖；长江二桥两岸—东湖风景区。同时，保留 3 条望东湖的视线走廊：水果湖、罗家港、卓刀泉公园。另外，对重要景点保证视线通透要求，如青年路望王家墩博览建筑群，武珞路望黄鹤楼，长江水上航线望杨园体育建筑群及黄鹤楼和龟山电视塔。对重要视线走廊上的建筑高度应严格控制，禁止穿插高层建筑，并注意近景和远景的关系。

重要景观视廊有严格的保护规划，根据望江视线走廊、望东湖的视线走廊和重要景点保证视线通透性的视线保护，可评估相应地块的建筑高度限制要求，以此评估地块上高层住宅的开发潜力分值。

（3）风景名胜保护区与自然风景区。

风景名胜保护区和自然风景保护区的保护是限制土地利用开发，保护武汉市的历史文化、生态要素以及特殊的自然景观的重要手段。这些区域都是城市土地利用的禁止建设区域，同时，城市中相关的自然生态区域、生态敏感区域和生态廊道等区域也是高层住宅开发的刚性控制区域。城市风景名胜保护区内是严格控制城市建设开发的，城市自然风景区对其内部山水绿化的规模和周边景观布局形态进行保护控制，其景区内的建筑高度的控制远远不及城市风景名胜保护区严格，因此，在风景名胜保护区与自然风景区的影响下，高层住宅的开发潜力分值分为 3 级，即 0 分、0.8 分和 1 分。风景名胜保护区的潜力分值为 0 分；自然风景名胜保护区的潜力分值为 0.8 分；无风景名胜保护区与自然风景区保护控制规划的片区的潜力分值为 1 分。

（4）黄鹤楼视线控制分析。

武汉市的视线控制保护规划，主要是围绕黄鹤楼来实现的。黄鹤楼是武汉市城市标志性景观。黄鹤楼视线保护规划主要从两个角度进行控制：第一，以黄鹤楼为观测点，进行武汉市的城市景观的观测；第二，以黄鹤楼为被观测点，从其他的观测点对黄鹤楼进行观测。通过视线保护，防止城市开发与城市建筑对观测视线的遮挡。

根据武汉市的视线保护控制的相关研究发现，武汉市的视线保护主要是"一核三面多廊"的空间形态。"一核"是指从黄鹤楼所划定的 500 米为半径的圆形缓冲区域。"三面"是指从黄鹤楼内的观测点观看四周的地物，主要是从鹦鹉洲长江大桥到江汉关之间的扇形区域，这个区域的空间范围是以黄鹤楼为圆心的 143 度的扇形区以及其他多个扇形区域。"多廊"是指黄鹤楼与其他的视线观测点的连线视廊，这些视点和视廊都在《黄鹤楼视线保护控制规划图》（图 6.15）中显示。

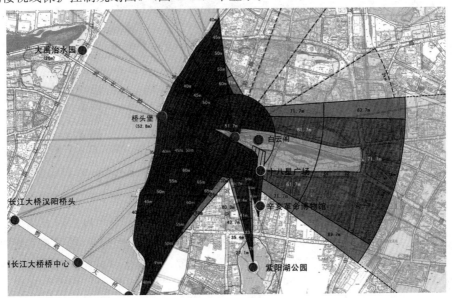

图 6.15　黄鹤楼视线保护控制规划图

在考虑视线保护控制规划时，还必须考虑现状地形的高程的影响。建筑物的高度与所在位置的地形高程之和，必须满足黄鹤楼视线保护控制规划所形成的高程上限的控制。结合黄鹤楼的基底高程与武汉市的地形高程的空间分布图，从而划分视线与视域范围内的城市建筑高度的上限值（图 6.16）。

（5）城市风道规划引导。

《武汉市城市风道规划管理研究》主要从武汉市的自然生态空间格局出发，从武汉市的城区选取主要的风道改善城市内部的热岛效应、风环境、空气污染等城市问题。《武汉市城市风道规划管理研究》还提出了"三纵、四横、四片、六点"的武汉市风道管理格局与控制分区。武汉市主城区的风向主要是西南风，城市内部的开敞空间和城市建筑布局可以根据城市的主要风向进行排列和布局，形成主要的城市风道，从而更好地调节武汉市主城区内部的城市气候、城市温度等。

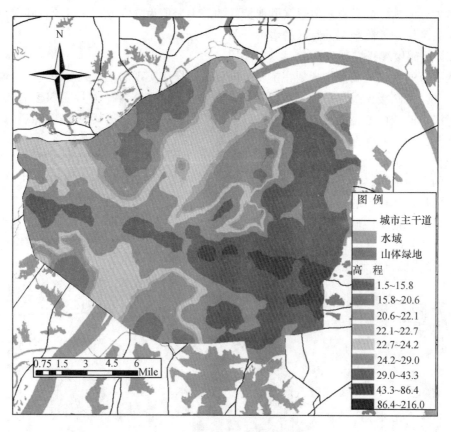

图 6.16　武汉市主城区高程示意图

注：1mile=1.61km。

《武汉市城市风道规划管理研究》主要是从宏观角度、中观角度、微观角度进行城市风道的划定，根据不同的进风口和出风口的设置进行风道管理。这项风道管理控制规划控制城市的主要风道进口区的建筑高度和建筑密度，即其区域的湖泊和水域的周围的建筑物的高度必须要小于 9 层，同时其建筑密度也必须要小于 20%。在这些风道口区域，建筑物的排列方式多是斜列式，不会对城市风道进行阻挡。城市湖泊、江流和其他水域对城市风道的形成和流通具有特别重要的意义，因此在城市风道管理控制的相关规定下，涉及城市风道所流经的区域的水域是禁止填埋的，其居住空间开发是受到严格限制的。同时，大量的城市风道的相关文献表明，在 100～150m 的尺度内通风效果是较为适宜的，那么，在城市风道流行的区域，居住空间利用与开发要求严格控制其居住空间的建筑高度以及容积率，这些地区的建筑以低层建筑为主，严格控制高层建筑的建造，在这些区域周围也会相应设置适宜宽度的城市绿地和生态廊道。基于城市风道控制分区而划分高层开发的潜力分值，风道入风口区域为 0 分，低层建筑区为 0.3 分，中高层建筑区为 0.6 分，高层建筑区为 0.9 分。

（6）景观特色因子评价（图 6.17）。

根据一系列的城市景观规划，定义各分区评价的高层开发潜力分值具体如下：景观视廊为 0.7 分，人文景观区为 0.8 分，城市风貌区为 0.5 分；自然开敞空间为 0 分，风景名胜区为0.3分，自然风景区为0.6分；城市视线控制分区分值，低层建筑区为0.3分，中高层建筑区为0.6分，高层建筑区为0.9分；城市风道控制分区分值，风道入风口区域为0分，低层建筑区为0.3分，中高层建筑区为0.6分，高层建筑区为0.9分。

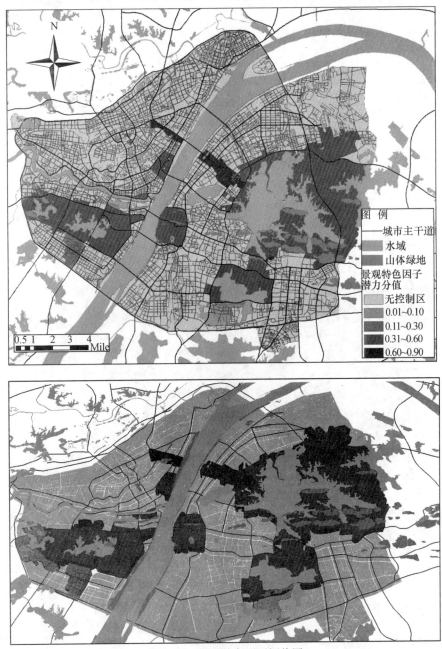

图6.17　景观特色因子评价图

注：1mile=1.61km。

6.3.3　多因子分析

本书利用熵值法，评估不同的影响因子之间的权重，见表6.1。

表 6.1　影响因子权重表

影响因子	权重
土地地价因子	0.18
城市交通因子	0.21
城市结构因子	0.22
历史文化因子	0.12
开敞空间因子	0.17
景观特色因子	0.10

　　因此，将潜力分值的空间分布与实际情况联系起来，划分为 5 个等级：0 为第一个等级，0.001～0.250 为第二个等级，0.250～0.500 为第三个等级，0.501～0.750 为第四个等级，0.751～1.000 为第五个等级。城市高层开发潜力分值评估如图 6.18 所示。

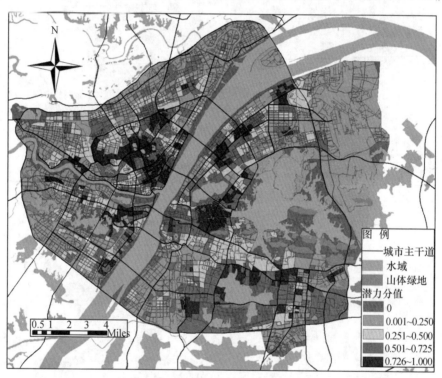

图 6.18　城市高层开发潜力分值评估图

6.3.4　控制分区与建议

1. 分级与分区控制

　　城市三维形态布局优化策略采用分级控制的方法，根据不同级别划分不同的控制区域，根据不同分区的潜力级别提出不同的控制引导策略。

　　本书选取 2010—2015 年出现的住宅建筑以及规划将要建造的住宅建筑的样本作为依据，调查这些住宅建筑的建筑高度。具体的调查方法有 3 种：网络爬虫提取、基于高分辨率遥感影像与航片进行建筑物变化监测以及城市地籍实地调查。具体的调查方法是结合城市地籍调查数据、网络数据（例如搜房网、安居客等居住房屋租售网站），提取2010—2015年出现的居住建筑的建筑高度、建造时间、竣工时间和空间坐标，以及2015年以后将要出现的居住建筑的建筑高度、竣工时间和空间坐标。

　　首先，利用高分辨率遥感影像和航片提取建筑物的变化信息，进行建筑物的变化监测。运用面向对象的分类技术进行建筑物的变化图斑的提取，采用支持向量机的分类算法。

　　其次，运用网络爬虫关键技术，利用搜房网、安居客等相关住房信息网站，自动抓取住房的建造时间、竣工时间、建筑高度等一系列相关信息，提取2010—2015年新建住房的坐标信息，绘制相关矢量数据库。

　　最后，结合高分辨率遥感影像和航片提取的建筑物变化信息，以及运用网络爬虫关键技术提取的建筑物变化信息，根据武汉市地籍调查的实际数据进行修正，提取2010—2015年出现的住宅建筑的坐标信息和高度特征。2010—2015年已新建以及规划新建的住宅分布如图6.19所示。

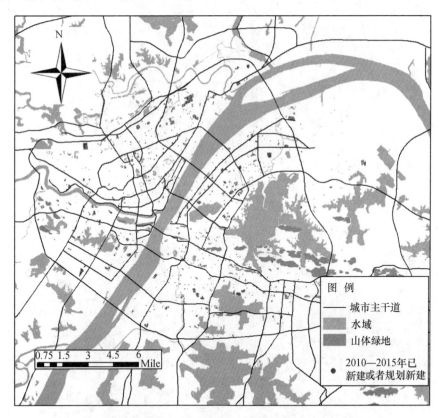

图6.19　2010—2015年已新建以及规划新建的住宅分布图

注：1mile=1.61km。

　　提取2010—2015年出现的住宅建筑以及规划将要建造的住宅建筑的建筑高度，选取前5%的样本进行高度计算，即最高高度，求得其平均高度为44层，按照其比例折算，可以知道潜力分值0.25对应的是11层。例如，新建住宅为1000栋，那么从最高建筑高度顺序提取。因此，将潜力分值的空间分布与实际情况联系起来，划分为5个等级：0 为第一个等级，0.001～0.250 为第二个等级，0.250～0.500 为第三个等级，0.501～0.750 为第四个等级，0.751～1.000 为第五个等级。这 5 个等级所对应的高度分区是：第一个等级为 10 层以下；第二个等级为 11 层以下；第三个等级为 12 层到 22 层；第四个等级为 23 层到 33 层；第五个等级为 34 层以上。

根据这些高度控制分区形成具体的城市高层分区规划，如图 6.20 所示。

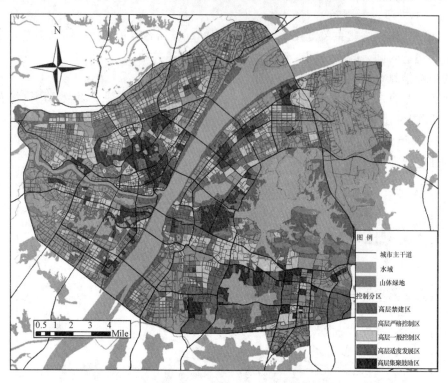

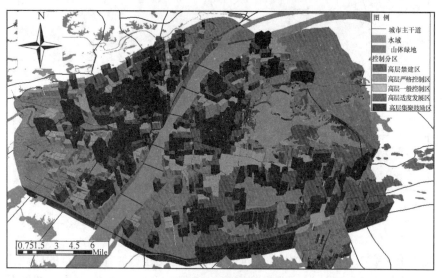

图 6.20　城市高层控制分区图

注：1mile＝1.61km。

（1）高层禁建区：禁止建设高层住宅建筑，刚性控制分区。

（2）高层严格控制区：弹性控制分区，在条件允许的情况下，一般允许建造 11 层以下的高层住宅，但是，区域实行弹性控制，在条件允许的情况下，例如地价或交通通达度较高时，可以建造 11 层以上的高层住宅。

（3）高层一般控制区：弹性控制分区，一般允许进行 12～22 层高层住宅的开发建设。

（4）高层适度发展区：弹性控制分区，可适当建设 23～33 层高层住宅，适度进行高层建筑开发。

（5）高层集聚鼓励区：弹性控制分区，可建设 34 层以上的住宅建筑，同时，鼓励不同高度类型的高层住宅在此区域进行集聚开发。

刚性控制分区是指区域内的建筑高度控制处于绝对控制段，包括禁止建造高层建筑。弹性控制分区是指区域的控制力度实行弹性控制手段，根据城市规划和形态的具体要求进行相应的弹性控制。

2. 弹性与刚性控制

高层住宅是组成城市三维空间的重要部分，而针对高层住宅的建筑高度的控制指引有利于优化城市三维形态。高层住宅的建筑高度的控制和布局策略在制定和实施过程中必须进行刚性控制和弹性控制的有机结合。武汉市的高层住宅的优化布局策略中，刚性控制和弹性控制的有机结合主要体现在以下几个方面。

高度控制分级分区时，历史文化因子和景观特色因子的控制指引主要体现城市高度控制规划的刚性控制。城市历史文化名城保护区域属于强制性保护地段，在城市高度控制的布局区域的优化策略是实行绝对控制，对这些文物保护单位、保护建筑必须按照划定的紫线保护范围和建设控制地带依法妥善保护、合理利用。文物保护单位的保护应遵照《湖北省实施〈中华人民共和国文物法〉办法》和《武汉市文物保护实施办法》的有关规定，保护范围原则上在文物保护单位的边界线 10 米以外的地带划定，建设控制地带原则上在距保护范围的边界线 20 米以外的地带划定。在历史文化名城保护区，其高度控制处于绝对控制段，禁止建造高层建筑。

在城市重点生态保护区、重点城市风景名胜保护区、生态高度敏感地区这些生态区域的城市开发控制力度也表现为刚性控制，充分体现了城市形态规划的历史文化保护优先和生态环境保护优先。例如，武汉风景名胜区包括东湖生态旅游风景区（面积约 82 平方千米）、龟山—月湖风景区（面积约 4 平方千米）、木兰山风景区（面积约 78.7 平方千米）、盘龙城遗址公园（面积约 4.68 平方千米）、九真山风景区（面积约 93 平方千米）、龙泉山风景区（面积约 24.15 平方千米）。风景名胜区的保护重点在于保护风景名胜及其环境，在保护好现有的人文资源和山水绿化等自然生态环境的基础上，适当开发并创造新的景观，形成一个和谐的人文与自然相结合的整体。禁止在风景名胜区内进行侵占山体水面的建设活动，特别要保护好龟山、蛇山、洪山等重要山体轮廓与绿化。加强东湖风景名胜区周边的风光村、卓刀泉、杜家桥、吴家湾等地段的环境整治，实施截污治污、江湖连通和生态修复，努力把东湖打造成全国一流的生态旅游区。这些城市重点生态保护区、重点城市风景名胜保护区、生态高度敏感地区也是高层住宅开发的刚性控制区域。

　　相对于历史文化名城保护区的控制，城市旧城风貌区和其他无历史文化控制区域的控制力度则是实行弹性控制手段，根据城市规划和形态的具体要求进行相应的弹性控制。相对于城市生态刚性保护区，城市其他区域则是根据相应的城市规划要求对高度控制实行弹性控制。同时，在城市非刚性控制的区域，城市三维形态的控制指引和高度控制指引必须要根据城市发展的需要进行弹性控制，为区域开发和城市发展预留足够的发展弹性。这些控制分级和分区指引不是一成不变的，只是针对近期的高层住宅开发实行的空间布局策略，必须要根据城市发展方向和速度进行调整，因此，城市形态的弹性控制是非常有必要的。

6.4　本章小结

　　运用单因子评价和多因子评价技术，制定完整的影响因子和修正因子体系，同时，明确各因子的作用机制，选取合适的评估单元，从而准确划分高层开发的潜力分区。本书基于网络爬虫关键技术、高分辨率遥感影像与航片的建筑物变化监测以及城市地籍实地调查数据，提取 2010—2015 年出现的住宅建筑以及规划将要建造的住宅建筑的建筑高度和空间分布，为潜力分区和控制分区提供数据基础。根据这些高度控制分区形成 5 个具体的城市高层分区规划：高层禁建区、高层严格控制区、高层一般控制区、高层适度发展区、高层集聚鼓励区。同时，依据分级与分区控制、弹性控制与刚性控制相结合的布局思想，提出居住空间分区控制和布局。

7 结论和展望

7.1 主要结论

7.1.1 构建特征值指标体系来测度城市居住空间形态

本书综合运用多种空间分析技术，结合应用空间回归模拟方法，同时，对这些方法进行了一定的改进和创新。在运用空间分析技术刻画空间形态时，不仅仅选取多类特征值空间指标，还基于影响因子的外部作用进行空间分异特征分析，将指标与形态的分异特征和空间变化准确对应，从多尺度、多维度完整地刻画了居住空间形态。特征值指标体系主要利用一系列的空间指标来衡量居住空间的极值特征、均值特征、起伏特征、容量特征、密度特征和结构特征，同时，选取合适的计算方法和趋势面插值方法，形象地刻画居住空间形态。

7.1.2 多尺度、多维度的居住空间分异特征分析

分析不同尺度的空间分异特征。空间尺度包括行政区分区、环线分区、象限分区、宗地单元分区。重点分析基于宗地单元尺度的居住空间的极值特征、均值特征、起伏特征、容量特征、密度特征和结构特征。

1. 基于空间特征指标的居住空间形态分析

（1）极值特征。

武汉市主城区的最大高度（H_{max}）的空间形态中峰值区域（26.6～47）主要呈现较强的集聚格局和"多峰式"多中心跳跃式分布格局，同时，最大高度的下降趋势是由峰值区域中心"峰顶"呈圈层向外围随距离衰减扩散。最小高度（H_{min}）的空间形态呈东西向变化，峰值区域主要沿地铁二号线（王家墩东—循礼门—中南路—街道口—光谷）呈"鞍部"式带状分布。

（2）均值特征。

平均高度（H_{avg}）趋势图显示，武汉市主城区的居住区空间形态的平均高度特征的变化呈"多鞍部"的带状分布形态，在长江北部主要沿长江呈南北向带状分布，而在长江南部的武昌区域则呈东西向的垂江分布。加权平均高度（H_{wgt}）分布趋势与平均高度的空间形态类似，但是加权平均高度向外围下降幅度比平均高度小，向外围的下降趋势更加平滑。

（3）起伏特征。

起伏特征的三维形态图与其他空间特征的形态图存在明显差异。极值特征和均值特征的峰值区域在起伏特征中反而为低谷区域，即这些区域 H_{max}、H_{min}、H_{avg}、H_{wgt} 特征

值较高而 *Dispersion* 较小。武汉市主城区起伏度（*Amplitud*）和离散度（*Dispersion*）趋势面呈散点状分布的空间形态，峰值区域主要集中在湖泊和城市广场附近。

（4）容量特征。

体量（*V*）趋势面所呈现的空间形态为"一脉四峰"的空间格局，即长江南部为"一脉"的峰值山脉，长江南部的"四峰"呈多中心的跳跃式发展格局。容积率（*FAR*）则主要是呈现"丘陵式"的点—面混合布局，各容积率值分段之间的区域差异较小，由高值下降到低值区域缓冲区域较大，下降趋势非常平滑。

（5）密度特征。

数量特征（*Count*）三维空间趋势面显示，呈"一脉五峰"的空间形态，主要的高值区域紧邻长江和湖泊等开敞空间。建筑密度（*BD*）没有特别明显的集聚特征，主要是均匀分散分布，这是由于武汉市各区域之间居住用地建筑密度的规划上限差异较小。

（6）结构特征。

集聚度（*GiZ*）的空间形态呈"群峰"形态，高值区域呈连片集聚方向呈垂江东西向连线分布。高值区域（$Z>1.9$）主要东西连线方向与贯穿武汉主城区的长江相互垂直。主要连线区域：王家墩—循礼门—三阳路—武汉长江隧道—洪山广场—武珞路—珞瑜路。

2. 基于影响因子的居住空间分异特征分析

探索不同影响因素的外部影响所造成的居住空间分异规律。绘制不同的空间特征随影响因子的差异而造成的空间变化曲线，形象刻画居住空间在微观角度所呈现出来的空间分异特征。基于影响因子的空间分异特征分析结果如下。

随城市中心可达度的下降，容积率和平均高度逐渐下降；建筑密度的空间变化呈"n"形曲线，先迅速增加后减少，拐点为距城市主中心 3800 米和距城市副中心 3500 米；建筑高度标准差的空间变化呈"n"形曲线，先缓慢增加后减少，拐点为距城市主中心 2000 米和距城市副中心 1500 米。

随基础教育设施可达度的下降，容积率、平均高度、建筑密度呈逐渐下降的趋势；高度标准差的空间变化呈"n"形曲线，先迅速增加后减少，拐点为距基础教育设施 3500 米。

随基准地价的增加，容积和平均高度逐渐增加；建筑密度和高度标准差呈"n"形曲线，先缓慢增加后减少，拐点均为 8000 元/平方米。

随城市主干道可达性的下降，容积率和平均高度逐渐下降；建筑密度和高度标准差呈"n"形曲线，先迅速增加后减少，拐点均为距城市主干道 300 米。

随人口密度的增加，容积率和平均高度逐渐增加；建筑密度的空间变化趋势呈"n"形曲线，先缓慢增加后减少，拐点为 15 万人/平方千米；高度标准差则先增加到一定数值后区域平缓，拐点为 15 万人/平方千米。

随长江可达度的下降，容积率、平均高度、建筑密度和高度标准差的空间变化趋势均呈"n"形曲线，拐点分别为距长江 600 米、600 米、600 米、1200 米。

随湖泊可达度的下降，容积率、平均高度、建筑密度和高度标准差均呈梯度下降的趋势。

随城市广场可达度的下降，容积率、平均高度、建筑密度和高度标准差均呈梯度下降的趋势。

因此，城市中心可达度、基础教育设施可达度、基准地价、城市主干道可达度、人口密度、开敞空间（长江、湖泊、城市广场）可达度的变化能引起特征值指标显著的空间变异；在其他影响因子的外部影响的作用下，居住空间分异特征值的变化趋势呈无规律的波动曲线。

7.1.3 基于空间模型的居住空间分异特征与演变规律的分析

1. 空间模型的改进

本书综合运用多种回归模拟方法，同时，对这些回归模型进行了一定的改进和创新。在运用空间回归模型刻画空间形态的变化时，不仅考虑到影响因素的外部影响作用，同时也考虑到空间自相关的影响，以此作为模型的改进方向。本书选取多种空间回归模型进行比较，总结经典 Logistic 模型、Probit 模型、地理加权回归模型（GWR）、Autologistic 模型以及其他相关的空间模型的改进，通过模型结果对比，将 ROC 曲线、赤池信息量准则（AIC）和模型残差空间自相关作为比较依据，比较各类空间模型的预测能力和适用条件，选取最优空间模型，并以此模型探索城市居住空间分异特征和演变规律。

根据模型的回归结果比较各模型的模拟精度，选取最优空间回归模型，分析和预测城市居住空间的格局和变化。根据 ROC 曲线和赤池信息量准则评估各空间回归模型的空间模拟能力，同时，依据残差自相关曲线来比较各空间回归模型处理空间异质性的能力，发现最优空间模型为 GFM-Autologistic Model，其 ROC（0.889）最大，AIC（482.487）最小。GFM-Autologistic Model 在经典的 Logistic 模型上做了两个明显的改进：首先，运用地理场模型（Geographic Field Model）评估开敞空间和其他城市基础设施要素的外部影响作用力；其次，模型纳入基于反距离权重计算的空间自相关变量，解释空间自相关的影响从而提高模型的预测精度。GFM-Autologistic Model 的研究提供了一种更加可靠的空间回归模型，为今后的模型改进提供了参考角度和改进方向。

2. 影响因子分析

根据最优空间模型 GFM-Autologistic Model 的分析结果，可以选出高层住宅开发的空间格局的显著性影响因素，包括区位因素、社会因素、经济因素、生态环境因子等。这些显著性影响因子具体有城市经济中心、城市主干道、城市广场、城市湖泊、长江、中学和基准地价以及城市历史文化名城规划和城市景观特色规划。

研究结果表明，城市经济中心、城市主干道、城市广场、城市湖泊、长江、中学的可达性与高层住宅的开发概率呈正相关关系，基准地价与高层住宅的开发概率呈正相关关系，城市历史文化名城规划和城市景观特色规划所涉及的区域则会限制高层住宅的开发程度。同时，开敞空间的规模和可达性将会影响城市高层住宅的空间分布格局。距离开敞空间越近，居住环境质量越高，居住用地利用强度越大，建筑高度越高。同时，不同类型的开敞空间，与居住空间利用与高层住宅开发的关系是不同的。受到生态规划保护的大型自然开敞空间能够显著影响居住用地垂直维度的开发强度，例如长江、湖泊、城市广场；而小型的人工开敞空间不能作为分析和预测高层建筑空间分布规律的显著性影响因子，例如地区性公园、小区绿地等。

7.1.4　居住空间的控制分区与布局建议

运用单因子评价和多因子评价技术，制定完整的影响因子和修正因子体系，同时，明确各因子的作用机制，选取合适的评估单元，从而准确划分高层开发的潜力分区。首先，比较不同尺度的评估单元的适用条件，例如宗地评估单元、主城区控规编制管理单元、主城区控规编制单元、均匀网格评估单元、道路网络评估单元，选取道路网络单元为居住空间控制分区的基本评估单元。其次，运用单因子评价方法，评估土地价格因子、城市交通因子、城市结构因子、历史文化因子、开敞空间因子和景观特色因子的高层开发潜力分值，制定相应的单因子评价图。最后，运用多因子评价技术综合评估各道路网络单元的潜力分值，将潜力分值的空间分布与实际情况联系起来，划分为 5 个等级：0 为第一个等级；0.001～0.250 为第二个等级；0.251～0.500 为第三个等级；0.501～0.750 为第四个等级；0.751～1.0 为第五个等级。

本书基于网络爬虫关键技术、高分辨率遥感影像与航片的建筑物变化监测以及城市地籍实地调查数据，提取 2010—2015 年出现的住宅建筑以及规划将要建造的住宅建筑的建筑高度和空间分布，为潜力分区和控制分区提供数据基础。依据前 5% 的 2010—2015 年已新建或规划新建的建筑样本可知，其平均高度为 44 层，以此进行高度划分，制定高度控制分区。计算潜力分值的 5 个等级对应的高度分区：第一个等级为 10 层以下；第二个等级为 11 层以下；第三个等级为 12 层到 22 层；第四个等级为 23 层到 33 层；第五个等级为 34 层以上。

根据这些高度控制分区形成具体的城市高层分区规划。

（1）高层禁建区：禁止建设高层住宅建筑，刚性控制分区。

（2）高层严格控制区：弹性控制分区，在条件允许的情况下，一般允许建造 11 层以下的高层住宅，但是，区域实行弹性控制，在条件允许的情况下，例如地价或交通通达度较高时，可以建造 11 层以上的高层住宅。

（3）高层一般控制区：弹性控制分区，一般允许进行 12～22 层高层住宅的开发建设。

（4）高层适度发展区：弹性控制分区，可适当建设 23～33 层高层住宅，适度进行高层建筑开发。

（5）高层集聚鼓励区：弹性控制分区，可建设 34 层以上的住宅建筑，同时，鼓励不同高度类型的高层住宅在此区域进行混合建造和集聚开发。

刚性控制分区是指区域内的建筑高度控制处于绝对控制段，包括禁止建造高层建筑。弹性控制分区是指区域的控制力度实行弹性控制手段，根据城市规划和形态的具体要求实行相应的弹性控制。

7.2　主要创新点

1. 城市居住空间形态特征

本书结合三维地形分析和 Urban-DEM 的思想，构建一套特征值指标体系，探索居住空间的极值特征、均值特征、容积特征、密度特征、起伏特征和结构特征。同时，本书探索不同影响因素的外部影响所造成的居住空间分异规律；运用多维度空间特征指标测度居住空间形态。

2. 居住空间形态变化特征及影响因子

本书为探索居住空间的变化趋势，改进空间模型 GFM-Autologistic Model。此模型不仅能够利用距离衰减规律准确评估要素的外部影响作用力，还能降低空间自相关的邻域影响。通过模型比较和空间回归模拟，验证 GFM-Autologistic Model 精度更高；在筛选出影响高层住宅分布格局的显著性因子的基础上，最优模型能够准确刻画城市内部高层住宅的空间分布规律。

3. 基于多因子评价的居住空间控制分区

本书利用单因子和多因子评价的方法，评估武汉市居住空间的高层开发潜力，选取更加全面的影响因子和修正因子，划分相应的潜力分区。同时，运用分级控制与分区控制、弹性控制与刚性控制相结合的思想，提出武汉市高层控制分区建议，弥补和更新武汉市在高度控制规划方面的相关内容。

7.3　研究不足和展望

城市居住空间形态研究，一直是城市地理研究和社会研究的重要议题，在未来，人口数量的急剧增加将导致居住空间需求和开发强度的增加，使得如何准确预测城市居住空间格局的演变、合理开发居住空间和调整居住空间结构成为研究热点。相关城市居住空间形态的研究在理解城市管理和规划功能方面非常有必要性。笔者根据攻读博士期间对居住相关的城市研究和社会研究的深入学习，总结城市居住空间形态的基本特征和研究内容以及居住空间格局的分析技术和方法，模拟城市居住空间结构和格局。但是，在本书的研究中还存在一定的不足，需要后续完善和改进。以下是笔者对研究的不足和未来展望的详细叙述。

1. 国内外居住空间形态的特征分析和比较

由于调研时间和文章篇幅的限制，笔者没有详细描述国际上不同国家居住空间形态的主要特征，也没有对不同发达程度的国家和不同区域的居住空间形态的共性和差异进行仔细的对比研究。但是，笔者在一定的实地研究和大量的文献研究中发现，不同国家、不同城市的城市居住空间形态不仅有很多的相似性，同时也具有很大的差异性。这些差异性是在不同城市的社会经济条件、区位条件和生态环境要素的影响下形成的，同时也是在许多不同概念的城市规划的引导下而产生的。因此，了解国内外居住空间形态的基本特征和演变规律，比较国内外不同城市和地域的居住空间形态的相似性和差异性，可以帮助理解不同城市和地域的社会、经济、区位、文化和生态环境之间的异同性，同时也能够比较不同城市和地域的城市规划的理念和方式，以此改善和发展本区域的城市居住空间模拟和规划。在以后的研究中，不断加强国内外居住空间形态的特征分析和比较，总结城市居住空间模拟和开发的相关经验，有助于指导我国城市居住空间的合理开发和有效利用，改善和调整城市空间结构，为城市发展和居住开发提供合理有效决策。

2. 指示城市居住空间特征的指标体系的完善和改进

城市居住空间的空间特征不仅仅包括从二维平面反映的居住形态，也包括三维空间表达的居住形态，但是从三维投影空间表达城市居住空间特征是非常有挑战性的。大量城市居住空间形态研究都是根据城市居住密度、住房套密度、房屋栋数等表达城市居住空间的二维平面形态，同时在二维投影上表达城市居住空间的社会特征的分异。本书从三维空间描述城市居住空间形态，不仅是在二维平面的水平空间进行空间分析和模拟，也对居住空间的垂直维度的建筑高度变化和多高度建筑组合模式进行分析，多维度模拟城市居住空间分布和变化。但是，本书的城市居住空间的三维空间特征的指标体系仅仅通过景观空间格局指标和建筑高度等空间指数，其三维空间指标体系还有一定程度的欠缺。在居住空间形态不断发展和改变的今天，指标体系也务求对城市居住空间的规模、密度、高度和空间形式表达得更加准确和具体。

3. 城市居住空间开发模式的划分、设计和应用

本书对居住空间开发模式的探讨不够完善，仅仅从三维空间特征上划分多元开发模式，由于数据限制而缺乏对居住空间的社会、经济和生态特征的调查和考量，例如居住小区绿地率、造价、房屋售价等。这些特征可以使得城市居住空间的开发模式更加多元化，从而适宜不同居民的居住需求，满足不同城市开发目的和决策的需要。居住空间的开发模式决定着局部和整体的居住空间形态，居住用地建设模式的探索在未来城市居住空间发展具有重要的作用，促使研究人员对既有的选址模型、居住空间建设模型和城市居住密度变化预测模型进行不断改进。因此，在今后的城市研究中，笔者需要加强对微观城市居住空间的社会、经济和生态特征的调查，划分不同居住空间的开发模式，设计不同形式和功能的住宅单体和建筑群体，适应居住空间需求和创新城市发展模式。

4. 城市居住空间形态的时空演变分析与应用

由于数据量的限制，本书的结论是基于两年期的城市居住空间变化数据的计算和分析而来的，缺乏连续和长期的城市居住空间矢量数据，无法完整地描述城市居住空间的时空演变的历史规律。再者，本书的时空分析方法在进行多时点的城市居住空间的时空演变分析和情景模拟时有一定的局限性，还应提高景观格局空间分析和空间回归分析的多样性和准确性。景观格局空间分析中选用的景观指数不够完善，还应该选用其他景观指数或者进行指数组合。空间回归分析中的空间回归模型仅仅注重 Logsitic 回归的多种改进和比较，缺乏对地理加权回归、Probit 回归模型和系统动力学等空间分析方法的改进和比较。同时，在提高模拟精度的前提下，同种模型的改进方式也可以更加多元化。因此，在今后的研究中，笔者应该加强对城市居住空间数据的调研和积累工作，准确和完整地表达城市居住空间的时空演变规律，还应该提高空间分析技术和回归模拟方法的多元性和准确性，择优选用，以提高城市居住空间的时空变化预测精度。

5. 大区域的城市居住空间格局的三维模拟与格局分析

不同地域范围的研究数据限制了跨城市、地区或国家的城市居住空间形态的分析，从而限制了城市居住空间形态的多尺度、多地域的分析。由于区域差异和邻里数据标准化的难度，本书使用具有代表性的城市居住空间和社区数据集来建立衡量标准和描述各种各样的城市内部居住空间特性。但是，本书无法对城市不同类型的用地空间格局进行三维模拟，也无法表述和模拟大区域居住空间格局的变化。城市用地主要由商业用地、住宅用地和工业用地组成，三者之间也有紧密的关联和影响，但是本书在分析城市居住空间形态时没有着重考虑商业和工业空间的利用和布局。因此，在今后的城市空间形态

三维分析中，要加强城市不同类型的用地空间之间的相互联系。根据文献调查，大都市区的居住形态、城市内部的居住形态和大区域的栖息地格局都是城市研究的热点，本书主要研究城市内部的居住空间的三维空间形态，而大区域的城市空间格局的三维模拟有助于预测城市群结构、城乡发展和规划布局。因此，笔者在今后的研究中应该加强大区域城市空间格局的三维模拟与格局分析，结合不同类型的用地空间的联系和变化，结合微观和宏观、小区域和大区域的城市发展规律，进一步加强城市形态的多尺度、多维度的空间分析。

6.3S 技术、统计分析方法和空间格局分析技术的协同应用

城市居住空间形态分析是一项综合研究，与社会学、经济学和地理学紧密相关，需要各种学科技术的协同应用和集成。3S 技术，包括遥感技术、地理信息系统和全球定位系统，不仅可以为空间分析和统计分析提供基础数据，还有助于空间定位和实时监测。本书的研究中也利用了 3S 技术，但是仅仅停留在基础应用方面。3S 技术的深入研究和应用可以降低大量遥感数据、多尺度多时点遥感数据解译和监测的工作难度，有助于空间数据集成和处理，同时，3S 技术、统计分析方法和空间格局分析技术的应用有助于更深入地理解城市居住空间形态的三维特征和时空演变规律。笔者认为，3S 技术、统计分析方法和空间格局分析技术的协同应用不仅是城市研究的全面化、系统化的必然趋势，也是各部门将城市研究理论应用于实践的重要工具。

参考文献

[1] 陈波翀，郝寿义，杨兴宪．中国城市化快速发展的动力机制［J］．地理学报，2004，59（6）：1068-1075.

[2] 陈鹭．城市居住区园林环境研究［D］．北京：北京林业大学，2006（8）.

[3] 陈明星，陆大道，张华．中国城市化水平的综合测度及其动力因子分析［J］．地理学报，2009，64（4）：387-398.

[4] 陈爽，王进，詹志勇．生态景观与城市形态整合研究［J］．地理科学进展，2005，23（5）：67-77.

[5] 陈燕萍．适合公共交通服务的居住区布局形态——实例与分析［J］．城市规划，2002，26（8）：90-96.

[6] 崔功豪，马润潮．中国自下而上城市化的发展及其机制［J］．地理学报，1999，54（2）：106-111.

[7] 段汉明，李传斌，李永妮．城市体积形态的测定方法［J］．陕西工学院学报，2000，16（1）：5-9.

[8] 段进．城市空间发展论［M］．南京：江苏科学技术出版社，1999.

[9] 范菽英．城市高层建筑布局研究——以宁波市为例［J］．规划师，2004，20（1）：34-35.

[10] 房国坤，王咏，姚士谋．快速城市化时期城市形态及其动力机制研究［J］．人文地理，2009，24（2）：40-43＋124.

[11] 冯健，周一星．北京都市区社会空间结构及其演化（1982—2000）［J］．地理研究，2003，22（4）：465-483.

[12] 冯健．杭州城市形态和土地利用结构的时空演化［J］．地理学报，2003，58（3）：343-353.

[13] 高峻，杨名静，陶康华．上海城市绿地景观格局的分析研究［J］．中国园林，2000，16（1）：53-56.

[14] 葛珊珊．基于 Urban DEM 的城市三维形态研究——以南京老城区为例［D］．南京：南京师范大学，2009.

[15] 宫继萍，胡远满，刘淼，等．城市景观三维扩展及其大气环境效应综述［J］．生态学杂志，2015，34（2）：562-570.

[16] 谷凯．城市形态的理论与方法——探索全面与理论的研究框架［J］．城市规划，2001（12）：36-42.

[17] 顾朝林．中国城市地理［M］．北京：商务印书馆，1999.

[18] 顾朝林，于涛方，李王鸣．中国城市化：格局·过程·机理［M］．北京：科学出版社，2008.

[19] 关瑞明，聂兰生．传统民居类设计的未来展望［J］．建筑学报，2004（12）：47-49.

[20] 何川，张雷，邓嘉萍．关于高层住宅小区规划设计的思考与实践［J］．城市建筑，2007（1）：44-47.

[21] 洪再生，朱阳，孙万升，等．烟台城市高度控制的规划研究［J］．城市规划，2005，29

（10）：80-82.

[22]　胡俊．中国城市：模式与演进［M］．北京：中国建筑工业出版社，1995.

[23]　黄硕，郭青海，唐立娜．空间形态受限型城市紧凑发展研究——以厦门岛为例［J］．生态学报，2014，34（12）：3158-3168.

[24]　黄志宏．城市居住区空间结构模式的演变［M］．北京：社会科学文献出版社，2006.

[25]　姜世国，周一星．北京城市形态的分形集聚特征及其实践意义［J］．地理研究，2006，25（2）：204-212＋369.

[26]　冷红，袁青．哈尔滨城市高层建筑布局的现状特征及规划对策［J］．规划师，2010，26（2）：34-39.

[27]　冷莹．武汉市空间结构演变机制研究［D］．武汉：华中师范大学，2014.

[28]　李团胜．城市景观异质性及其维持［J］．生态学杂志，1998，17（1）：70-72.

[29]　李阎魁．高层建筑与城市空间景观形象初探：兼论上海城市高层建筑的布局与控制［J］．规划师，2000，16（3）：38-41.

[30]　李志刚，吴缚龙．转型期上海社会空间分异研究［J］．地理学报，2006，61（2）：199-211.

[31]　李忠臻．基于空间形态的滨河高层住区外部空间设计探索——以兰州市主城区黄河两岸为例［D］．西安：西安建筑科技大学，2013.

[32]　刘捷．城市形态的整合［M］．南京：东南大学出版社，2004.

[33]　刘盛和，陈田，蔡建明．中国半城市化现象及其研究重点［J］．地理学报，2004，59（S1）：101-108.

[34]　刘耀彬，李仁东，宋学锋．中国城市化与生态环境耦合度分析［J］．自然资源学报．2005，20（1）：105-112.

[35]　卢涛，邓梦，杨培峰．成都市大型公建、高层建筑分布战略研究［J］．四川建筑，2002，22（1）：5-8.

[36]　鲁凤，徐建华．中国区域经济差异的空间统计分析［J］．华东师范大学学报（自然科学版），2007（2）：44-51＋80.

[37]　陆娟，汤国安，张宏，等．犯罪热点时空分布研究方法综述［J］．地理科学进展，2012，31（4）：419-425.

[38]　路超，齐伟，李乐，等．二维与三维景观格局指数在山区县域景观格局分析中的应用［J］．应用生态学报，2012，23（5）：1351-1358.

[39]　罗谷松，孙武，李国，等．广州建成区三维城市模型的构建及其高度分布特征［J］．热带地理，2008，28（6）：523-528.

[40]　罗曦．城市高层建筑布局规划理论与方法研究［D］．长沙：中南大学，2007.

[41]　罗曦，郑伯红．基于多因子评价的长沙市高层建筑布局规划研究［J］．城市规划学刊，2007（2）：113-117.

[42]　吕静，赵苇．城市居住小区景观设计探讨［J］．吉林建筑工程学院学报，2001（1）：31-35.

[43]　毛健，苏笛．基于 ArcGlobe 的城市三维 GIS 研究与实现［J］．安徽农业科学，2012，40（1）：237-239.

[44]　孟祥林，张悦想，申淑芳．城市发展进程中的"逆城市化"趋势及其经济学分析［J］．经济经纬，2004，（1）：64-67.

[45]　聂兰生，宋昆．营造宜人的居住空间——宜兴市高塍镇小康住宅区规划设计构思［J］．建筑学报，1997（11）：29-31.

［46］　聂兰生，邹颖，舒平．21 世纪中国大城市居住形态解析［M］．天津：天津大学出版社，2004．

［47］　聂兰生．聂兰生文集［M］．武汉：华中科技大学出版社，2012．

［48］　任学慧，林霞，张海静，等．大连城市居住适宜性的空间评价［J］．地理研究，2008，27（3）：683-692．

［49］　芮建勋，徐建华，宗玮，等．上海城市天际线与高层建筑发展之关系分析［J］．地理与地理信息科学，2005，21（2）：74-76＋81．

［50］　申卫军，邬建国，林永标，等．空间粒度变化对景观格局分析的影响［J］．生态学报，2003，23（12）：2506-2519．

［51］　申卫军，邬建国，任海，等．空间幅度变化对景观格局分析的影响［J］．生态学报，2003（11）：2219-2231．

［52］　苏敏静．太原市高层建筑合理化布局研究［D］．太原：太原理工大学，2006．

［53］　苏敏静．高层建筑布局中城市生态环境因素浅析——以太原市为例［J］．太原大学学报，2011，12（1）：100-103．

［54］　苏振民，林炳耀．城市居住空间分异控制：居住模式与公共政策［J］．城市规划，2007（2）：45-49．

［55］　孙斌栋，吴雅菲．中国城市居住空间分异研究的进展与展望［J］．城市规划，2009，33（6）：73-80．

［56］　覃力．高层建筑设计的一种倾向——大规模高层建筑的集群化和城市化［J］．中外建筑，2003（5）：10-12．

［57］　唐德华，韦柳芝．城市高层建筑规划管理控制研究——以柳州市为例［J］．规划师，2013，29（S2）．

［58］　唐敬举．丽江古城景观空间形态研究［D］．云南：西南林学院，2008．

［59］　王慧芳，周恺．2003—2013 年中国城市形态研究评述［J］．地理科学进展，2014，33（5）：689-701．

［60］　王建国，高源，胡明星．基于高层建筑管控的南京老城空间形态优化［J］．城市规划，2005（1）：45-51，97-98．

［61］　王剑锋．城市空间形态量化分析研究［D］．重庆：重庆大学，2004．

［62］　王兴中．中国城市社会空间结构研究［M］．北京：科学出版社，2000．

［63］　邬建国．景观生态学——概念与理论［J］．生态学杂志，2000，19（1）：42-52．

［64］　邬建国．景观生态学中的十大研究论题［J］．生态学报，2004，24（9）：2074-2076．

［65］　吴立新，史文中．论三维地学空间构模［J］．地理与地理信息科学，2005，21（1）：1-4．

［66］　吴启焰．大城市居住空间分异研究的理论与实践［M］．北京：科学出版社，2001．

［67］　吴启焰，朱喜钢．城市空间结构研究的回顾与展望［J］．地理学与国土研究，2001，17（2）：46-50．

［68］　吴启焰，张京祥．现代中国城市居住空间分异机制的理论研究［J］．人文地理，2002，17（3）：26-30＋4．

［69］　武进．中国城市形态：结构、特征及其演变［M］．南京：江苏科学技术出版社，1990．

［70］　严星，林增杰．城市地产评估［M］．北京：中国人民大学出版社，1999．

［71］　杨建思，杜志强，彭正洪，等．数字城市三维景观模型的建模技术［J］．武汉大学学报（工学版），2003，36（3）：37-40．

［72］　杨山，吴勇．无锡市形态扩展的空间差异研究［J］．人文地理，2008（3）：84-88．

[73] 杨新海，平茜．控规建筑高度弹性控制方法探讨［J］．现代城市研究，2013，28（1）：47-49＋56．

[74] 杨永春．兰州城市建筑的空间分布［J］．世界地理研究，2008，17（1）：39-46．

[75] 姚士谋．中国大都市的空间扩展［M］．合肥：中国科学技术大学出版社，1998．

[76] 叶昌东，周春山．近20年中国特大城市空间结构演变［J］．城市发展研究，2014，21（3）：28-34．

[77] 叶连娜·叶雷什耶娃，瓦列里·摩尔．海参崴城市及建筑空间结构的发展变化［J］．城市建筑，2005（11）：30-36．

[78] 于一凡．城市居住形态学［M］．南京：东南大学出版社，2010．

[79] 于卓，吴志华，许华．基于遗传算法的城市空间生长模型研究［J］．城市规划，2008（5）：83-87．

[80] 余琪．转型期上海城市居住空间的生产及形态演进［M］．南京：东南大学出版社，2011．

[81] 俞孔坚，李迪华，潮洛蒙．城市生态基础设施建设的十大景观战略［J］．规划师，2001，17（6）：9-13＋17．

[82] 岳隽，王仰麟，彭建．城市河流的景观生态学研究：概念框架［J］．生态学报，2005，25（6）：1422-1429．

[83] 恽爽．北京市控制性详细规划控制指标调整研究——建筑控制高度指标［J］．城市规划，2006，30（5）：38-43．

[84] 翟强，潘宜．高层住宅对城市空间形态影响的分析及规划设计对策［J］．城市建筑，2009（1）：13-15．

[85] 张鲁山．居住区环境设计［J］．住宅科技，1998（10）：5-8．

[86] 张培峰，胡远满，贺红士，等．基于Barista的城市建筑景观动态变化——以沈阳市铁西区为例［J］．应用生态学报，2010，21（12）：3105-3112．

[87] 张培峰，胡远满，熊在平，等．铁西区建筑景观时空变化特征及影响因素［J］．生态学杂志，2011，30（2）：335-342．

[88] 张培峰，胡远满，熊在平．区位因素对沈阳市铁西区三维建筑景观变化的影响［J］．生态学杂志，2012，31（7）：1832-1838．

[89] 张培峰，胡远满，熊在平，等．基于QuickBird的城市建筑景观格局梯度分析［J］．生态学报，2011，31（23）：266-275．

[90] 张培峰，胡远满．不同空间尺度三维建筑景观变化［J］．生态学杂志，2013，32（5）：1319-1325．

[91] 张姗琪，葛珊珊．建筑点群在城市三维形态量化中的应用［J］．地理信息世界，2009，7（2）：83-87．

[92] 张伟一．对北京西城区旧城高度控制规划的思考［J］．建筑学报，2004（9）：12-14．